本书由盐城工学院出版基金支持

建筑设计
BIM
应用

U0310957

主 编　王 进　黄 婷　徐 会

副主编　皮子臻　蒋星宇

参 编　骆小庆　李文亮　丁少华

何 方　李 站　邵 华

江苏大学出版社
JIANGSU UNIVERSITY PRESS

镇 江

图书在版编目(CIP)数据

建筑设计 BIM 应用 / 王进,黄婷,徐会主编. —镇
江 :江苏大学出版社,2017.5(2019.1 重印)
 ISBN 978-7-5684-0469-3

Ⅰ.①建… Ⅱ.①王… ②黄… ③徐… Ⅲ.①机械设
计-计算机辅助设计-应用软件 Ⅳ.①TH122

中国版本图书馆 CIP 数据核字(2017)第 098192 号

建筑设计 BIM 应用

Jianzhu Sheji BIM Yingyong

主 编/王 进 黄 婷 徐 会
责任编辑/徐 婷
出版发行/江苏大学出版社
地 址/江苏省镇江市梦溪园巷 30 号(邮编:212003)
电 话/0511-84446464(传真)
网 址/http://press.ujs.edu.cn
排 版/镇江华翔票证印务有限公司
印 刷/虎彩印艺股份有限公司
开 本/787 mm×1 092 mm 1/16
印 张/15.75
字 数/367 千字
版 次/2017 年 5 月第 1 版 2019 年 1 月第 2 次印刷
书 号/ISBN 978-7-5684-0469-3
定 价/45.00 元

如有印装质量问题请与本社营销部联系(电话:0511-84440882)

前　言

现行的 BIM 即建筑信息模型(Building Information Modeling)涵盖了几何学、空间关系、地理信息系统、各种建筑组件的性质及数量(例如供应商的详细信息)。建筑信息模型可以用来展示整个建筑生命周期,包括了兴建过程及营运过程。提取建筑内材料的信息十分方便。建筑内各个部分、各个系统都可以呈现出来。BIM 能够帮助建筑师减少错误和浪费,以此提高利润和客户满意度,进而创建可持续性更高的精确设计。BIM 能够优化团队协作,其支持建筑师与工程师、承包商、建造人员与业主更加清晰、可靠地沟通设计意图。为了达到这一要求,Revit 系列软件应运而生,它是 Autodesk 公司的一款三维参数化建筑设计软件,是专为建筑信息模型(BIM)构建的,可帮助建筑设计师设计、建造和维护质量更好、能效更高的建筑。

本书所讲解的 Revit 2016 系列软件是以建筑学专业理论知识和实践经验为基础,以 Revit 系列软件的操作为纽带,让学生全面且深刻地认识和学习 Revit 2016 软件。本书从基础面板、基础操作、基础指令、案例讲解等方面为学生一步一步讲解 Revit 2016 相关知识。

本书共分为 16 章,第 1 ~2 章主要以建筑设计的建筑空间构成及组合、建筑各部分高度的确定和剖面设计为主,为简单地对建筑学知识进行提点,为 Revit 2016 软件的学习提供相应的理论基础。第 3 ~16 章主要以 Revit 2016 的实际操作教学进行分层次讲解,包括 BIM 基础、Revit 设计概述、基本操作、标高轴网、墙体幕墙、梁柱洞口、场地坡道、扶手楼梯、楼板屋顶、材质渲染及实例讲解等,中间穿插着对 Revit 的操作方法、梁柱的应用方法与区别、命令等,层层剖析,细节讲解。

本书是江苏省产学研前瞻性联合研究项目,江苏沿海地区装配式居住建筑围护部品被动节能技术研究(项目编号:2016065 -50)成果之一,主要具备了知识点的全面性、操作的实用性、知识的系统性、内容的拓展性等一系列特点。编者将此书定义为带领读者熟悉 Revit 2016 软件,了解建筑的设计过程,真正面向实际应用的 Revit 基础图书,为各类高职类大专院校建筑、土木专业及建筑设计相关的设计工作人员作为参考的标准教学图书。希望各位读者可以从本书中学有所学、得有所得。感谢盐城工学院出版基金的支持。

编　者

2017 年 3 月

目　　录

第 1 章　建筑空间构成及组合

建筑设计（Architectural Design）是指建筑物在建造之前,设计者按照建设任务,把施工过程和使用过程中所存在的或可能发生的问题,事先作好通盘的设想,拟定好解决这些问题的办法、方案,用图纸和文件表达出来,作为备料、施工组织工作和各工种在制作、建造工作中互相配合协作的共同依据,便于整个工程得以在预定的投资限额范围内,按照周密考虑的预定方案,统一步调,顺利进行,并使建成的建筑物充分满足使用者和社会所期望的各种要求。随着技术的更新,建筑设计与 BIM 技术结合是大势所趋。

1.1　建筑物内部平面设计

1.1.1　房间的分类和设计要求

从房间的使用功能要求来分,主要有:
① 生活用房间:如住宅的起居室、卧室等。
② 工作、学习用房间:如办公室、值班室、教室、实验室等。
③ 公共活动用房间:如商店营业厅;剧院、电影院的观众厅和休息厅等。
对使用房间平面设计的主要要求有:
① 房间的面积、形状和尺寸要满足室内使用活动和家具、设备合理布置的要求;
② 门窗的大小和位置、形状和尺寸要满足室内使用活动和家具、设备合理布置的要求;
③ 房间的构成应使结构构造布置合理、施工方便,也要有利于房间之间的组合,所用材料要符合相应的建筑标准;
④ 室内空间及顶棚、地面、各个墙面和构件细部,要考虑人们的使用和审美要求,如图 1.1.1 所示。

图 1.1.1　建筑审美要求

1.1.2　使用房间的面积、形状和尺寸

（1）房间的面积。

决定房间使用面积的因素有：使用人数的多少（如剧院和住宅的使用人数不同，使用面积也不同），如图 1.1.2 所示。

图 1.1.2　剧院内景

（2）家具设备的多少。

（3）房间内部活动特点。如室内游泳池和健身房要大空间，如图 1.1.3 所示。

图 1.1.3　室内游泳池的大空间

为了深入分析,房间的面积可分为:

① 家具或设备所占面积;

② 人们在室内的使用活动面积(包括家具及设备近旁所需的面积);

③ 房间内部的交通面积,如图 1.1.4 所示。

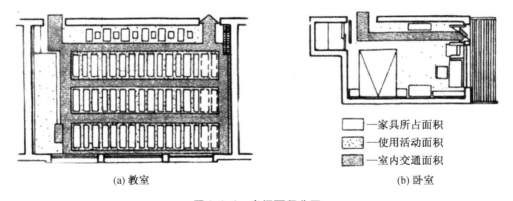

□—家具所占面积

▨—使用活动面积

▨—室内交通面积

(a) 教室　　　　　　　　　　　　　　　　(b) 卧室

图 1.1.4　房间面积分区

从图 1.1.4 中可知,要确定房间面积的大小,除了要掌握家具的尺寸外,还应掌握人体活动所需的空间尺寸,如图 1.1.5 和图 1.1.6 所示。

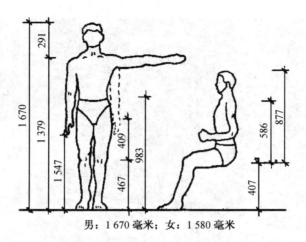

男：1 670 毫米；女：1 580 毫米

图 1.1.5　人体尺度

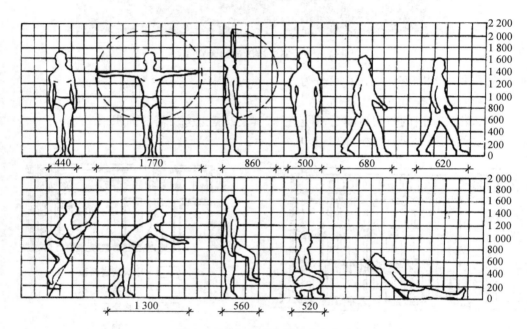

图 1.1.6　人体活动所需空间尺度

建筑中家具的摆设需要参考图例,如图 1.1.7 ~ 图 1.1.10 所示。

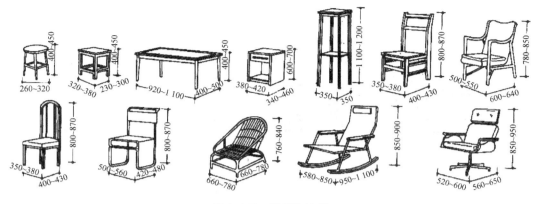

图 1.1.7　凳子和椅子

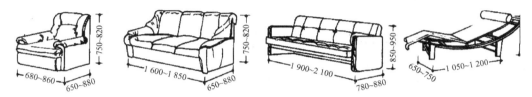

图 1.1.8　沙发

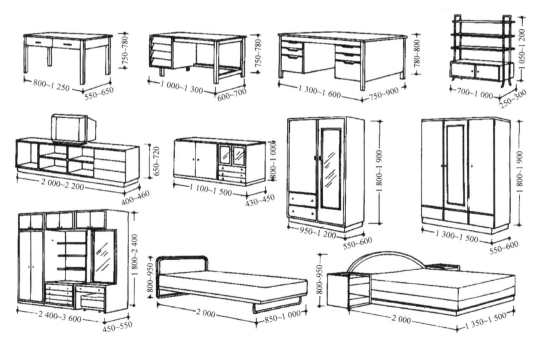

图 1.1.9　桌子、柜、床

550 300 500~600 700

小学=800 ≥150
中学=860 800~900 800

图 1.1.10 人与家具的尺度关系

有些建筑的使用人数不确定,所以不能简单地采用上述方法确定面积,通常需要通过对已建同类建筑进行调查,也就是收集资料,如表 1.1.1 所示。

表 1.1.1 上海市新建中小学部分房间面积定额参考指标

房间名称	小学使用面积/m²	中学使用面积/m²
普通教室	43.5	51
音乐教室	43.5	51
实验室(中学) 科学常识教室(小学)	58.5	70
仪器准备室(中学) 教具仪器室(小学)	28.5	51
科技活动室	22	51
阅览室(中学) 图书兼会议(小学)	28.5	70
教师办公室	每人 2.8 m²	每人 3 m²

1.1.3 房间平面形状和尺寸

确定房间使用面积后,下一步就要确定房间的形状和具体尺寸。

比如教室,如图 1.1.11 所示。

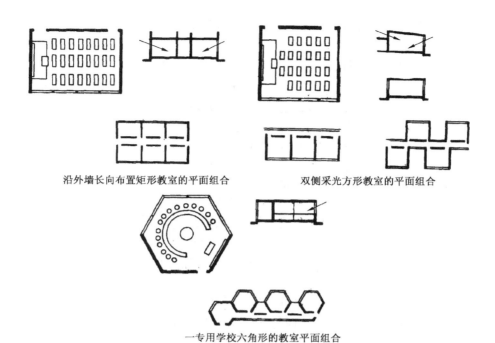

沿外墙长向布置矩形教室的平面组合　　　　　双侧采光方形教室的平面组合

一专用学校六角形的教室平面组合

图 1.1.11　教室形状

又如音乐教室,如图 1.1.12 所示。

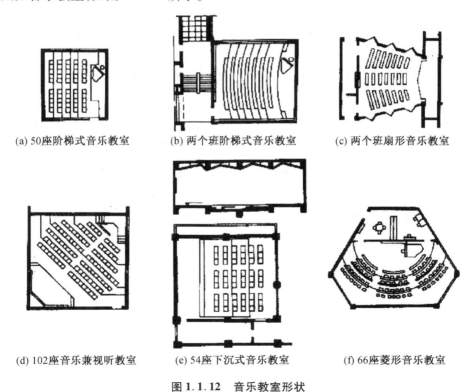

(a) 50 座阶梯式音乐教室　　(b) 两个班阶梯式音乐教室　　(c) 两个班扇形音乐教室

(d) 102 座音乐兼视听教室　　(e) 54 座下沉式音乐教室　　(f) 66 座菱形音乐教室

图 1.1.12　音乐教室形状

再看教室尺寸。教室的尺寸有一些固定的规律,主要表现在以下几个方面。

① 平面。

普通教室第一排距黑板最小距离:2 m。

普通教室最后排距黑板最远距离:8.5 m(中学)、8 m(小学),如图 1.1.13 所示。

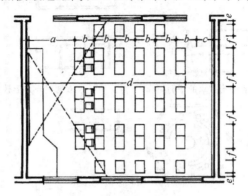

图 1.1.13 普通教室

布置应满足视听书写要求,便于通行并尽量不跨座而直接就座。

图 1.1.13 中,$a > 2\ 000$ mm;b 小学 > 850 mm,中学 > 900 mm;$c > 600$ mm;d 小学 $< 8\ 000$ mm,中学 $< 8\ 500$ mm;$e > 120$ mm;$f > 550$ mm。

最后排并不是指后墙,如图 1.1.14 所示。

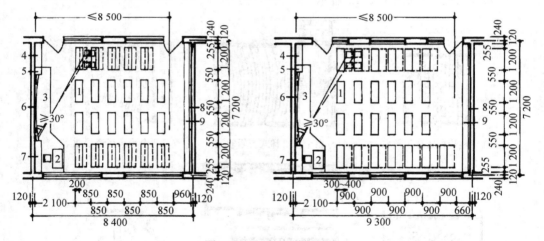

图 1.1.14 教室详细尺寸

边座与黑板远端的夹角大于等于 30°。

② 层高。

小学教室:3.1 m。

中学教室:3.4 m。

办公室:2.8 m。

合班:≥3.6 m。

③ 构造。

窗台高度:800~1 000 mm。

窗间墙:≤1 200 mm。

④ 走道及楼梯。

内廊宽度:≥2 100 mm。

外廊宽度:≥1 800 mm。

外廊栏杆高度:≥1 100 mm。

楼梯栏杆高度(室外楼梯):≥900 mm(1 100 mm)。

⑤ 门洞宽度。

教室:≥1 100 mm。

合班:≥1 500 mm。

⑥ 门窗在房间平面中的位置。

1.1.4 门的宽度、数量和开启方式

不同的建筑情况不同,以住宅、教室、医院为例。

(1) 门宽

卧室、起居室门:900 mm,如图 1.1.15所示。

浴、厕门:650~800 mm。

阳台门:800 mm。

双扇门(教室、医院):1 200~1 800 mm。

病房门:1 200 mm(不等宽双扇门),如图

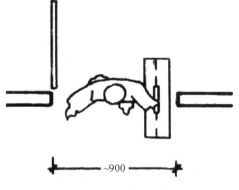

图 1.1.15 门尺寸

1.1.16 所示。平时只开单扇门,当有担架或推车通过时开双扇门。

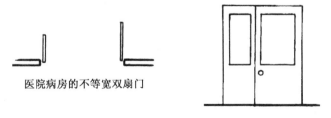

医院病房的不等宽双扇门

图 1.1.16 不等宽门

(2) 数量

室内人数多于 50 人或房间面积大于 60 m² 时,按照防火要求至少需要开两个门,而且应设在房间两端,如图 1.1.17 所示。

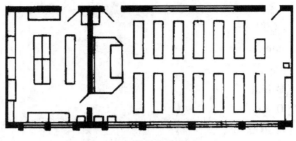

小学自然教室

图 1.1.17　教室开了两扇门

1.1.5　门在平面中的位置

门窗的位置应考虑房间的功能,如图 1.1.18 所示。

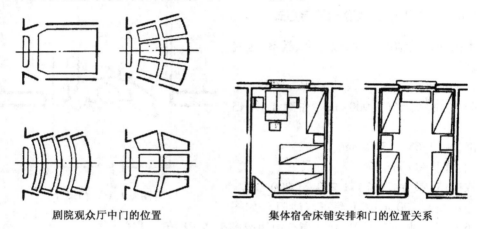

剧院观众厅中门的位置　　　　　集体宿舍床铺安排和门的位置关系

图 1.1.18　门在平面中的位置

面积大、人流多的房间门的位置应考虑四通八达;面积小、人流少的房间门的位置应考虑使家具布置合理。对于小房间,门的位置不同会给整个房间造成影响,如图 1.1.19 所示。

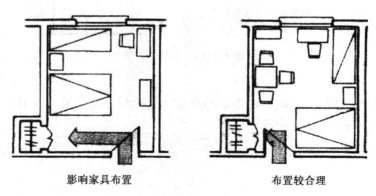

影响家具布置　　　　　　　　　布置较合理

图 1.1.19　门位置对房间的影响

当几个门位置集中时,开启方式如图 1.1.20 所示。

　(a) 不正确　　　　(b) 不正确　　　　(c) 不正确　　　　(d) 正确

图 1.1.20　门开启方式对房间的影响

1.1.6　窗的大小和位置

教室的窗间墙应小于 1 200 mm,如图 1.1.21 所示。

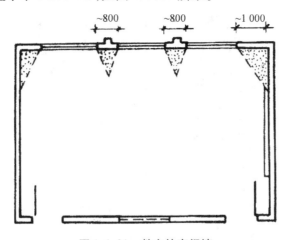

图 1.1.21　教室的窗间墙

采光面积比:窗口透光部分的面积与房间地面面积的比,如表 1.1.2 所示。

表 1.1.2　民用建筑中房间使用性质的采光分级和采光面积比

采光等级	视觉工作特征		房间名称	天然照度系数	采光面积比
	工作或活动要求精确程度	要求识别的最小尺寸/mm			
Ⅰ	极精密	<0.2	绘画室、制图室、画廊、手术室	5 ~ 7	1/3 ~ 1/5
Ⅱ	精密	0.2 ~ 1	阅览室、医务室、健身房、专业实验室	3 ~ 5	1/4 ~ 1/6
Ⅲ	中等精密	1 ~ 10	办公室、会议室、营业厅	2 ~ 3	1/6 ~ 1/8
Ⅳ	粗糙		观众厅、休息厅、盥洗室、厕所	1 ~ 2	1/8 ~ 1/10
Ⅴ	极粗糙		贮藏室、门厅、走廊、楼梯间	0.25 ~ 1	1/10 以下

窗的位置对室内气流有较大影响,如图 1.1.22 所示。

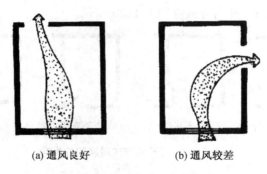

(a) 通风良好　　　　　(b) 通风较差

图 1.1.22　窗的位置对室内气流的影响

这个居室通风情况比较好,因为室内有个天井,如图 1.1.23 所示。

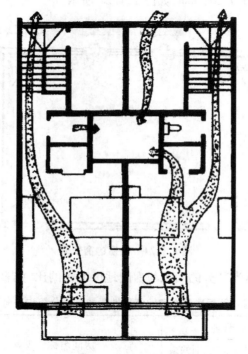

图 1.1.23　天井的作用

1.1.7　辅助房间的平面设计

辅助房间主要指厕所、浴室及厨房等。对于公共建筑,这类房间的设计应考虑使用人数的多少,比如居住建筑,如表 1.1.3 所示。

表 1.1.3　部分建筑类型厕所设备个数参考指标

建筑类别	男小便器[①]（人/个）	男大便器（人/个）	女大便器（人/个）	洗手盆或龙头（人/个）	男女比例	备注
幼　托		5~10	3~10	2~5	1:1	小学数量应稍多 男女比例按实际使用情况 总人数按全日门诊人数计数 男旅客按旅客人数 2/3 计算
中小学	40	40	25	100	1:1	
宿　舍	20	20	15	15		
门诊所	50	100	50	150	1:1	
火车站	80	80	50	150	2:1	
剧　院	35	75	50	140	3:1	

注:① 或小便槽长,折合 0.6 m 一个。

又如 500 人的医院(男女比例 1:1,且只设一个厕所),应先确定好洁具的个数后再确定房间的大小,首先要知道洁具的尺寸,如图 1.1.24 和图 1.1.25 所示。

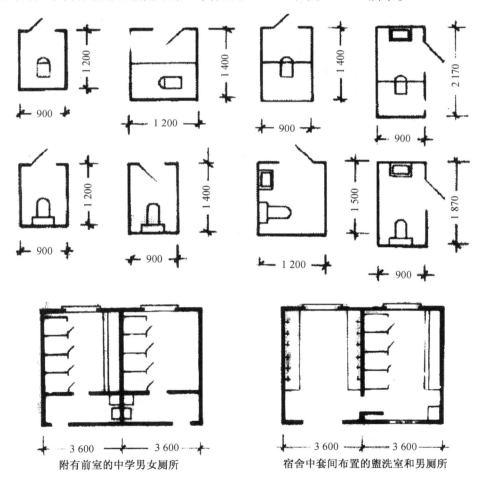

附有前室的中学男女厕所　　　　　宿舍中套间布置的盥洗室和男厕所

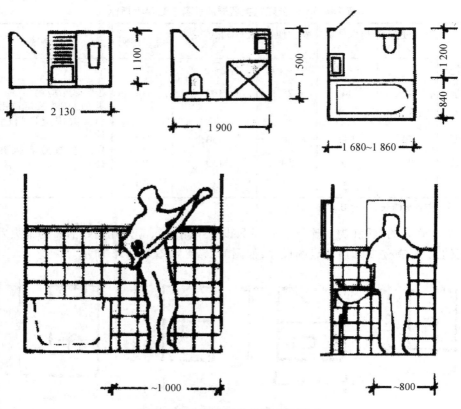

图 1.1.24　洁具及人体活动的尺寸

图 1.1.25　建成后实例

1.2　建筑物平面的组合设计

1.2.1　各类房间的主次、内外关系

学校:教室和实验室为主要房间,办公室、贮藏、卫生间为次要房间,如图 1.2.1 所示。

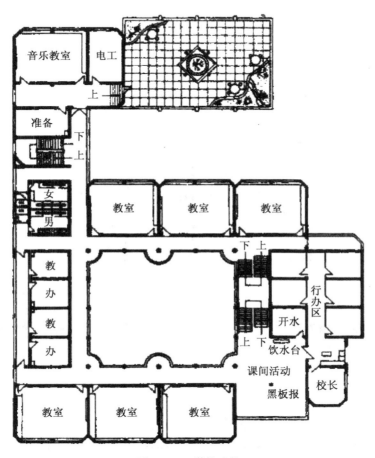

图 1.2.1　学校建筑

医院病房:病房为主要房间,楼梯间、卫生间、化验室等为次要房间,如图 1.2.2 所示。

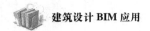
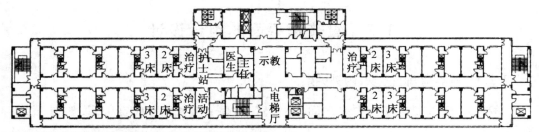

北京佑安医院病房楼标准层平面(收集传染性肝炎患者)

图 1.2.2 病房楼建筑

住宅:起居室、卧室为主要房间,厨房、浴厕、贮藏间为次要房间,如图 1.2.3~图 1.2.6 所示。

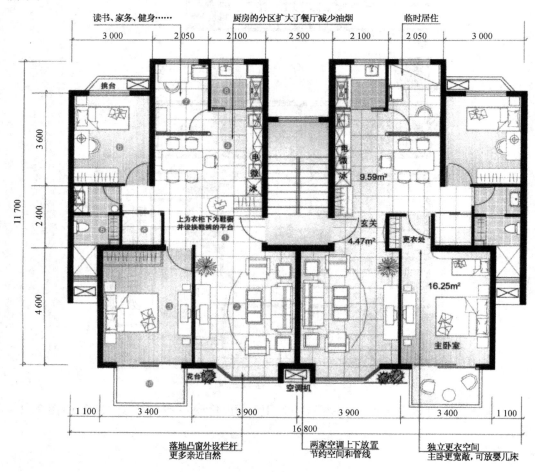

图 1.2.3 住宅平面

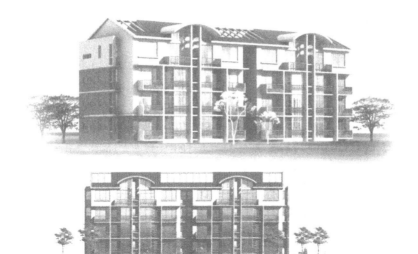

图 1.2.4　住宅效果图

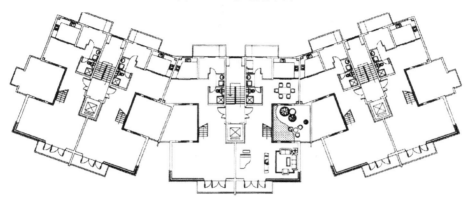

图 1.2.5　折线形平面图

图 1.2.6　折线形效果图

1.2.2 各类房间功能分区及它们的联系和分隔

当建筑房间较多,使用功能又比较复杂时,这些房间可以根据它们的使用性质及联系的紧密程度进行功能分区。通常我们可以借助于功能分析图来进行平面组合。

(1)学校建筑

学校建筑分为教学活动、行政办公及生活后勤等几部分,各部分之间有着千丝万缕的联系。首先来看教学活动与行政办公的关系,如图 1.2.7 所示。

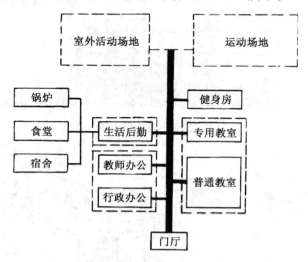

图 1.2.7 教学活动与行政办公的关系图

通过这个功能分析图可以看出教学活动与行政办公二者既相互独立又紧密联系。以清华大学附小新校区为例,如图 1.2.8 和图 1.2.9 所示,西侧为教学区,东侧为行政办公区。

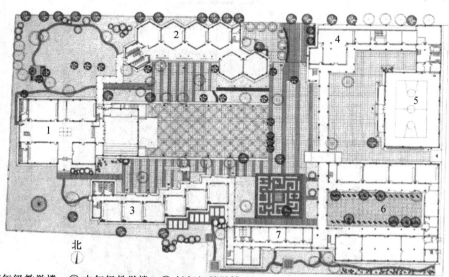

① 高年级教学楼　② 中年级教学楼　③ 低年级教学楼

图 1.2.8 清华大学附小新校区总平面图

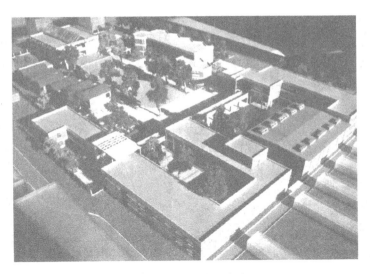

图 1.2.9 鸟瞰图模型

中国民航学院新校区,如图 1.2.10 所示。圆圈内区域表示教学活动区,自成一个区域,鸟瞰图如图 1.2.11 所示。

1. 图书馆
2. 主教学楼B区
3. 学术报告厅
4. 主教学楼A区
5. 标志塔
6. 中心广场
7. 游泳馆
8. 体育馆
9. 科技馆
10. 研究生院
11. 远期系馆
12. 第二教学楼A区
13. 第二教学楼B区
14. 学生宿舍
15. 食堂
16. 行政楼

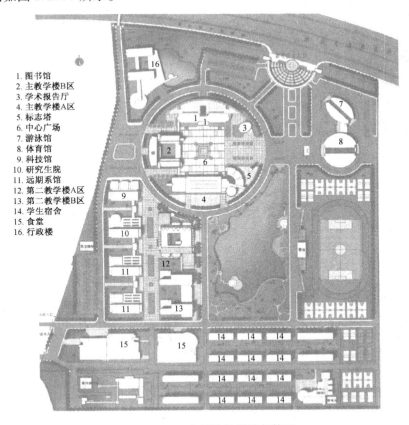

图 1.2.10 中国民航学院新校区

图 1.2.11　鸟瞰图

哈尔滨第三中学新校区,如图 1.2.12 所示。

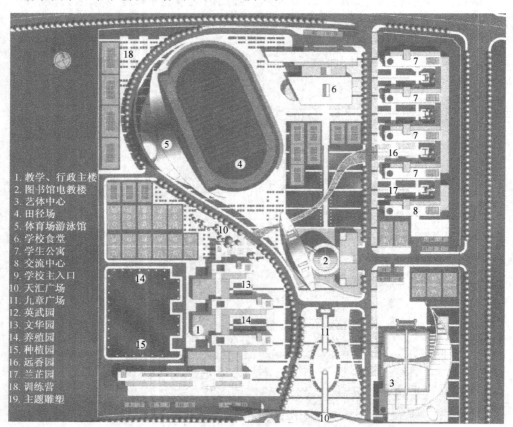

1. 教学、行政主楼
2. 图书馆电教楼
3. 艺体中心
4. 田径场
5. 体育场游泳馆
6. 学校食堂
7. 学生公寓
8. 交流中心
9. 学校主入口
10. 天汇广场
11. 九章广场
12. 英武园
13. 文华园
14. 养殖园
15. 种植园
16. 远香园
17. 兰芷园
18. 训练营
19. 主题雕塑

图 1.2.12　哈尔滨第三中学新校区

太极鱼图:我国古代辩证观,如图 1.2.13 所示。

图 1.2.13　太极鱼图

将图书馆作为标志性建筑物设置在路口,如图 1.2.14 所示。

图 1.2.14　图书馆效果图

　　这是教学活动和行政办公之间的关系。对于教学活动本身而言也有这样的矛盾关系,比如音乐教室和普通教室的关系:二者都属于教学用房,但一动一静,所以应该分开布置,如图 1.2.15 所示。

1. 体育室
2. 播音室
3. 训导处
4. 架空通道
5. 健康中心
6. 福利社
7. 普通教室
8. 卸货平台
9. 服务区
10. 中庭
11. 半室外游戏空间
12. 美劳教室
13. 音乐、游戏教室
14. 半室外教学空间

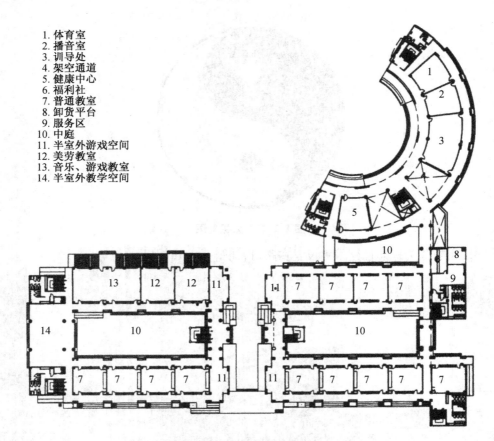

图 1.2.15　音乐教室和普通教室

（2）医院建筑

医院建筑一般有门诊部、住院部、辅助医疗等部分，如图 1.2.16 所示。

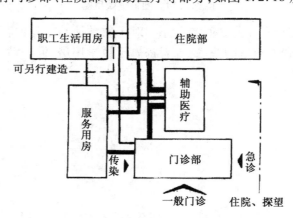

图 1.2.16　医院建筑功能分析图

辅助医疗有化验室、放射室、理疗室、药房等，既是门诊部所需要的也是住院部所需要的，因此将其放在二者之间，如图 1.2.17 所示。

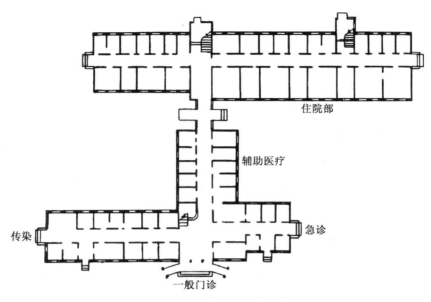

图 1.2.17　辅助医疗的位置

　　还可以沿街布置,例如上海市第一人民医院(中德方案),如图 1.2.18 ~图 1.2.20所示。

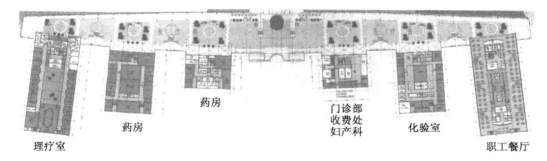

图 1.2.18　上海市第一人民医院平面图

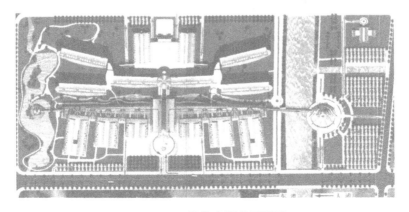

图 1.2.19　沿街布置总平面图

图 1.2.20　沿街布置鸟瞰图

1.2.3　各类房间使用顺序和交通路线组织

建筑物中不同使用性质的房间或各个部分,在使用过程中通常有一定的先后顺序。例如:

(1)车站,如图 1.2.21 和图 1.2.22 所示。

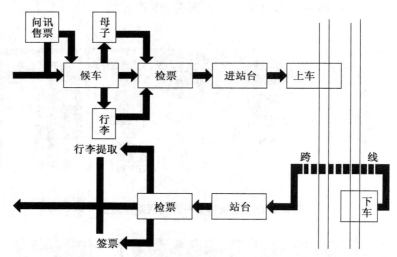

图 1.2.21　车站建筑各类房间使用顺序图例

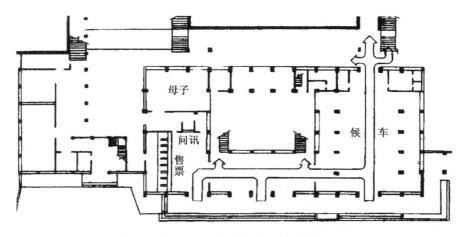

图1.2.22 车站建筑各类房间使用顺序实例

（2）门诊楼，如图1.2.23和图1.2.24所示。

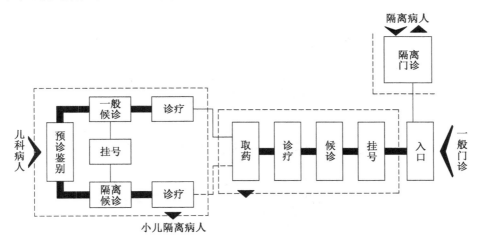

图1.2.23 门诊楼各类房间使用顺序图例

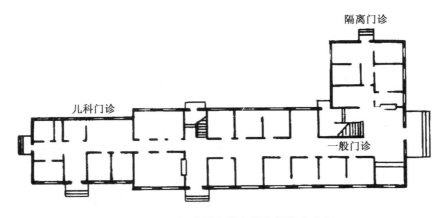

图1.2.24 门诊楼各类房间使用顺序实例

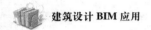
1.2.4　建筑平面组合的方式

（1）走廊式组合：以走廊一侧或两侧布置房间的组合形式。分为外廊式和内廊式。

① 外廊式：在走廊一侧布置房间。

浙江大学之江校区教学楼，如图 1.2.25～图 1.2.27 所示。

图 1.2.25　外廊式

图 1.2.26　浙江大学之江校区外廊式教学楼外立面

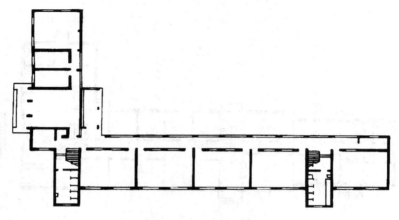

图 1.2.27　外廊式图例

优点:采光通风好。

缺点:占地面积大,造价高。

② 内廊式:在走廊两侧布置房间,如图 1.2.28 所示。

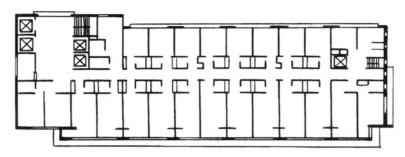

图 1.2.28　内廊式

优点:占地面积小、节省用地。

缺点:有一侧朝向较差、采光通风差。

(2) 套间式组合:房间之间直接穿通的组合方式,如图 1.2.29 所示。

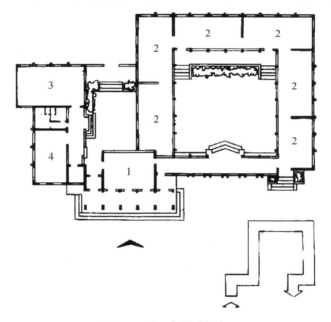

图 1.2.29　套间式组合

通常用于车站、展览馆这类建筑,如缙云博物馆,如图 1.2.30 和图 1.2.31 所示。

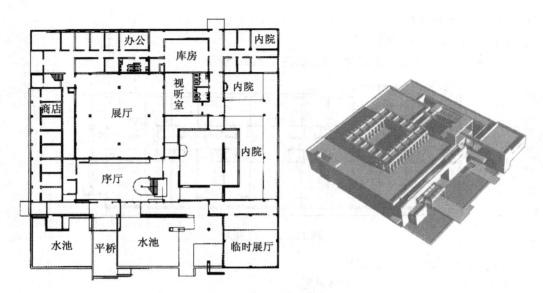

图 1.2.30　缙云博物馆

图 1.2.31　缙云博物馆内部套间式组合展示

（3）大厅式组合：它是在人流集中、厅内具有一定活动特点并需要较大空间时形成的组合方式，如图 1.2.32 所示。

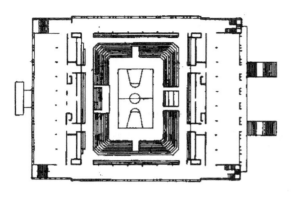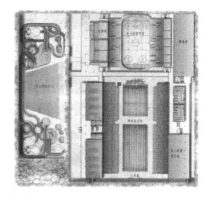

图 1.2.32 大厅式组合

比赛结束后体育场就靠周围的辅助房间来维持营运,如图 1.2.33 所示。

图 1.2.33 大厅式组合及周围辅助房间展示

这种大厅式的体育馆往往有比较恢宏的气魄,如图 1.2.34 所示。

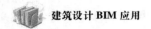

图 1.2.34　大厅式的体育馆

海南广场会议中心,如图 1.2.35 所示。

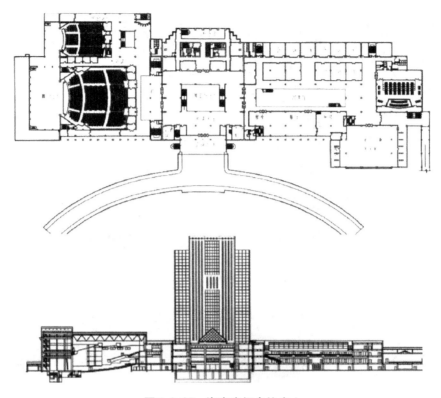

图 1.2.35　海南广场会议中心

湖北大学图书馆,如图 1.2.36～图 1.2.38 所示。

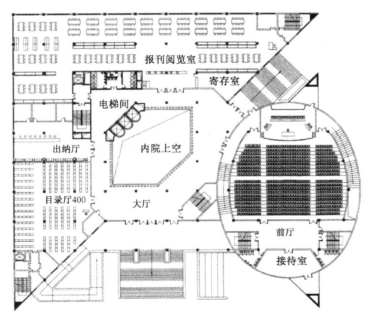

图 1.2.36　湖北大学图书馆

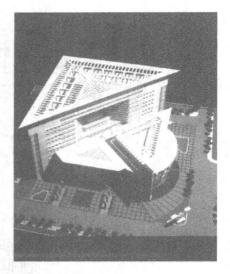

图 1.2.37　湖北大学图书馆内景及模型

图 1.2.38　湖北大学图书馆效果展示

宾馆也是如此,内外都能展示其大厅式的非凡气魄,如图 1.2.39 所示。

图 1.2.39　大厅式的非凡气魄

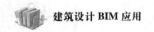

第 2 章　建筑物各部分高度的确定和剖面设计

2.1　建筑物各部分高度的确定

2.1.1　建筑物的标高系统

室内地坪相对标高为 +0.000,低于底层地坪为负值,高于底层地坪为正值。

通常应将室内地坪适当抬高,原因有以下三个方面:

① 房屋建成后会有一定的沉降量;

② 防止雨水倒灌,如阳台、浴厕、厨房等低 20～50 mm;

③ 设台阶,更显雄伟,如图 2.1.1 和图 2.1.2 所示。

图 2.1.1　台阶雄伟效果展示

图 2.1.2　某法院入口气势磅礴

在有些建筑中,为了使内部功能分区明确,也会改变地坪标高,如图 2.1.3 所示。

图 2.1.3　不同标高使功能分区更明确

房屋各部分高度的确定:

进行剖面设计,首先应确定室内的净高。净高是指构件底部到室内地面的距离。层高和净高的区别如图 2.1.4 所示。

层高是指该层地坪或楼板面到上层楼板面的距离（即：净高 + 楼板结构厚度）。中小学建筑房间的层高要求如表 2.1.1 所示。

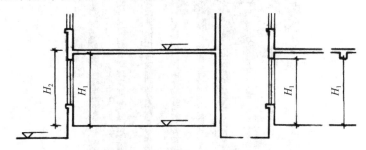

图 2.1.4　层高（H_2）和净高（H_1）

表 2.1.1　中小学建筑房间的层高　　　　　　　　　　　　　　m

房间名称	教室、实验室等（教学楼中房间）	独立的雨天活动室	办公及辅助用房（单独部分）	独立传达室
中　学	3.4~3.5	3.8~4.0	3.2	3.1
小　学	3.4	3.8~4.0	3.2	3.1

确定房间高度的因素有以下几方面：

（1）人活动所需要的使用高度

不同建筑要求的净高不同，住宅使用人数较少，对净高的要求低一些；教室人多，对净高的要求高；体育馆人更多，因此对净高的要求更高。如图 2.1.5 和图 2.1.6 所示。

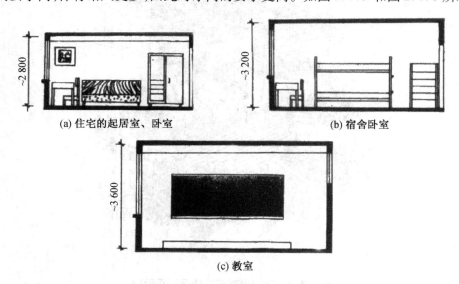

（a）住宅的起居室、卧室　　　　　（b）宿舍卧室

（c）教室

图 2.1.5　住宅、宿舍、教室内所需要的使用高度

亚特兰大佐治亚穹顶内景

图 2.1.6 体育场馆要求更高的高度

常用建筑的最小净高要求:

① 居住建筑

a. 住宅

卧室、起居室:2.4 m。

厨房:2.2 m。

卫生间:2.0 m。

b. 宿舍

单层床的净高:2.5 m。

双层床:3.0 m。

② 托儿所、幼儿园

活动室、寝室、乳儿室:2.8 m。

音体活动室:3.6 m。

③ 中小学建筑

小学教室:3.1 m。

中学、幼师教室:3.4 m。

实验室:3.4 m。

舞蹈教室:4.5 m。

教学辅助用房:3.1 m。

办公及服务用房:2.8 m。

合班最后一排净高:2.2 m。

④ 餐饮建筑

小餐厅(有空调):2.6 m(2.4 m)。

大餐厅(异形顶棚最低处):3.0 m(2.4 m)。

厨房:3.0 m。

⑤ 办公建筑

普通办公室(有空调):2.6 m(2.4 m)。

贮藏间:2.0 m。

走道：2.1 m。

（2）满足生理、心理要求的其他标准

① 采光

进深越大，则窗上沿越高，所以房间净高也越高。

单侧采光：上沿应大于进深的一半，如图 2.1.7 所示。

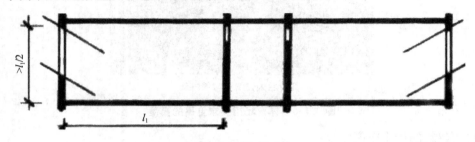

图 2.1.7　单侧采光

对于单侧采光的房间，提高上沿高度可以显著改善室内照度，如进深 6 m 的教室，上沿提高 100 mm，则照度提高 1%。

两侧采光：净高不小于总深度的 1/4，如图 2.1.8 所示。

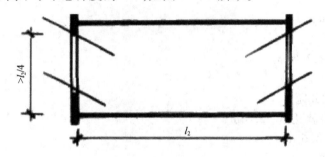

图 2.1.8　两侧采光

顶部采光：上沿与顶棚底部的距离尽可能的小，留出过梁或圈梁的尺寸即可。

② 窗台高度

a. 窗台高度通常 900 mm（因为桌子 800 mm，视平线 1 200 mm），如图 2.1.9 所示。

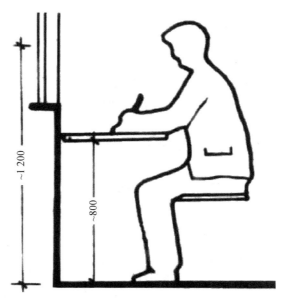

图 2.1.9　窗台高度

b. 幼儿园窗台高度:700 mm。

c. 展览馆窗台高度:1800 mm,如图 2.1.10 所示。

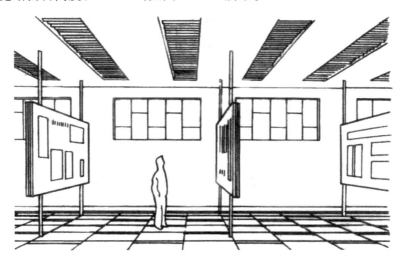

图 2.1.10　展览馆采光

③ 通风

a. 利用气压差通风,如图 2.1.11 ~ 图 2.1.13 所示。

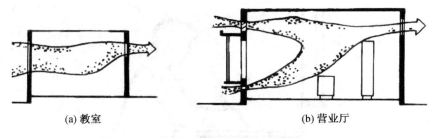

(a) 教室   (b) 营业厅

图 2.1.11 教室、营业厅利用气压差通风示意

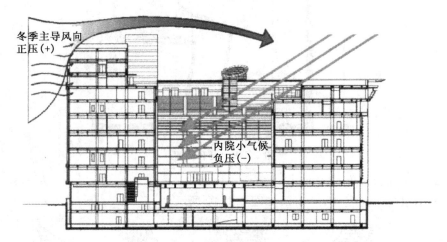

图 2.1.12 冬季利用气压差通风实例

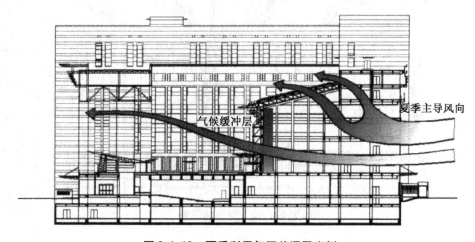

图 2.1.13 夏季利用气压差通风实例

b. 利用气楼通风,如图 2.1.14 所示。

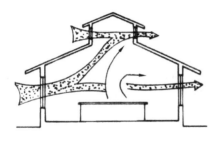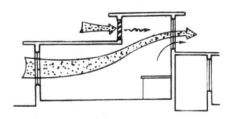

图 2.1.14　厨房利用气楼通风示意

（3）家具、设备的安置和使用高度

① 结构类型要求如图 2.1.15 所示。

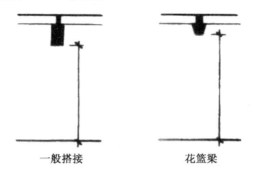

一般搭接　　　　　　　花篮梁

图 2.1.15　结构搭接类型

② 设备设置的要求如图 2.1.16 所示。

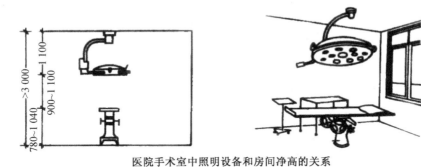

医院手术室中照明设备和房间净高的关系

图 2.1.16　设备设置的要求

演播厅中的送风、回风管道如图 2.1.17 所示。

图 2.1.17　送风、回风管道

剧院中的观众厅、舞台箱及灯光、吊景设备等如图 2.1.18 和图 2.1.19 所示。

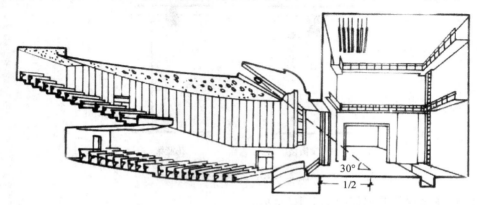

图 2.1.18　观众厅设备示意图

图 2.1.19　观众厅设备效果图

③ 室内空间比例要求：宽而低——压抑；狭而高——拘谨。

a. 同样的高度，改变窗的数量、形式，效果不同，如图 2.1.20 和图 2.1.21 所示。

图 2.1.20　独窗与双窗

图 2.1.21　高瘦窗与扁平窗

b. 降低高度,显得亲切,如图 2.1.22 所示。

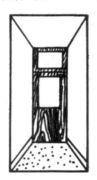

图 2.1.22　降低高度前后对比

c. 改变局部顶棚的高度,通过对比,使房间效果发生变化,如图 2.1.23 ~ 图 2.1.25 所示。

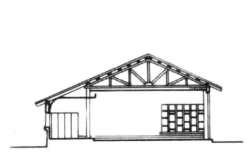
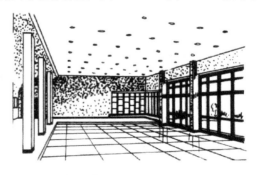

图 2.1.23　改变局部高度使门厅显得更亲切

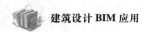

图 2.1.24　改变局部高度使主要房间显得更高

图 2.1.25　改变局部高度花池部分显得更接近自然

2.2　建筑物层数的确定和总高度的确定

2.2.1　分类

（1）公共建筑

公共建筑高度大于 24 m（除单层）为高层；

建筑高度大于 100 m 的民用建筑为超高层建筑。

（2）居住建筑（注：后面是"住宅"不是"建筑"）依层数划分为：

3 层及以下为低层住宅。

4～6 层为多层住宅。

7～9 层为中高层住宅。

10～30 层为高层住宅。

（3）高层和非高层建筑的界定

住宅依据层数，公共建筑依据建筑主体檐口到室外地面的高度。

非高层建筑：9 层及 9 层以下的住宅和高度小于 24 m 的多层公共建筑（高度大于 24 米的单层公共建筑也属于非高层建筑）。

高层建筑：10 层及 10 层以上的住宅和高度大于 24 m 的多层公共建筑。

（4）建筑分级

30 层以上：	特级
16～29 层公共建筑或高度大于 50 m 的公共建筑：	一级
16～29 层住宅：	二级
7～15 层有电梯住宅或框架结构建筑：	三级
7 层以下无电梯住宅：	四级
1 屋 2 层或单功能建筑：	五级

2 级注册建筑师设计 3 级及以下的建筑。

2.2.2　房屋层数的确定

影响房屋层数的因素有以下几点,：

（1）使用要求：如幼儿园、门诊部应建低层（便于孩子、病人上下楼）。

（2）城市规划：如城市航空港附近的地区，从飞行安全考虑，应建低层。

（3）结构类型：选用不同的材料、结构、施工会对层数有影响，如古建筑用木材就不能建很多层。

（4）建筑防火：一、二级建筑：住宅 9 层，其他建筑高度不超过 24 m。

三级建筑：5 层。如幼儿园、医院、疗养院不超过 3 层；电影院、食堂等不超过 2 层。

四级建筑：2 层。如幼儿园、医院、疗养院、电影院、食堂等不超过 1 层。

2.3　建筑剖面的组合和空间的利用

建筑剖面图表示建筑物在垂直方向的组合关系，能够帮助人们了解建筑内部的情况。如我们希望了解建筑中的能源转化问题，如图 2.3.1 所示。

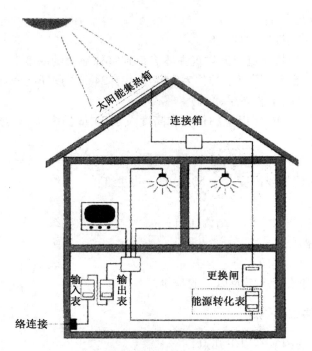

图 2.3.1 建筑中的能源转化剖面示意

再比如:希望了解剧院观众厅的视线,如图 2.3.2 和图 2.3.3 所示。

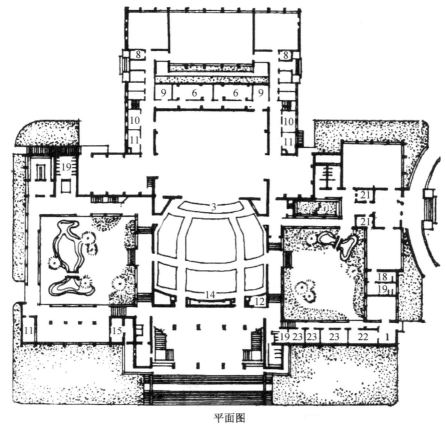

平面图

图 2.3.2　剧院观众厅

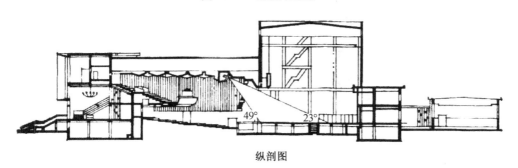

纵剖图

图 2.3.3　剧院观众厅的视线剖面示意

通过剖面图可以了解到以下信息：

① 观众厅的视线；

② 灯具的角度；

③ 各部分的高度。

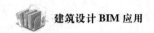
2.3.1 建筑剖面的组合方式

建筑剖面的组合方式大体上可以归纳为以下几种。

（1）单层：适用于食堂、会场、车站、展厅等，如图2.3.4和图2.3.5所示。

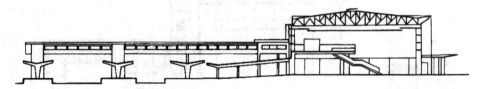

图 2.3.4 车站单层示意

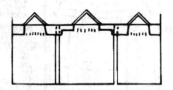

图 2.3.5 展览厅单层示意

单层建筑优点：与室外联系紧密。

单层建筑缺点：用地不经济，如图2.3.6所示。

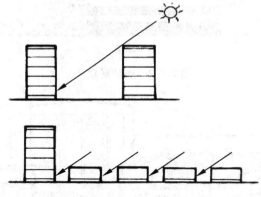

图 2.3.6 单层和多层用地比较

（2）多层和高层

由于单层建筑的局限性，鼓励多层和高层建筑。

① 多层建筑，如图2.3.7～图2.3.10所示。

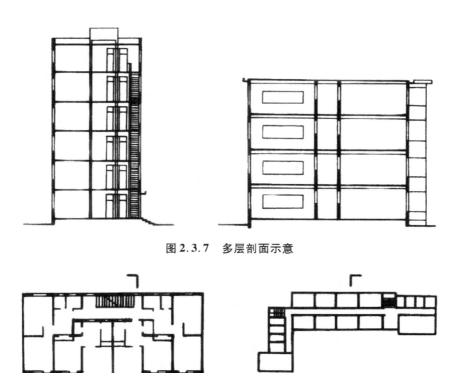

图 2.3.7　多层剖面示意

(a) 单元式住宅　　　　　　　　(b) 内廊式教学楼

图 2.3.8　剖面示意不一定要剖切楼梯部位

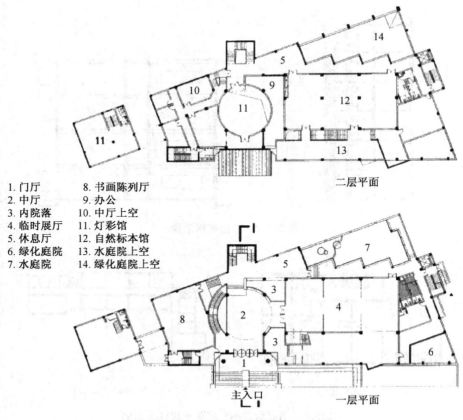

1. 门厅　　　　8. 书画陈列厅
2. 中厅　　　　9. 办公
3. 内院落　　　10. 中厅上空
4. 临时展厅　　11. 灯彩馆
5. 休息厅　　　12. 自然标本馆
6. 绿化庭院　　13. 水庭院上空
7. 水庭院　　　14. 绿化庭院上空

二层平面

一层平面

主入口

图 2.3.9　某建筑平面剖切位置示意

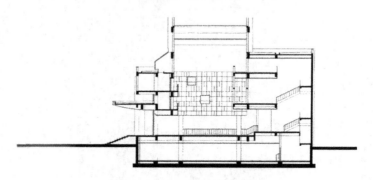

图 2.3.10　采光顶剖面图

通过剖面可知它有采光顶,如图 2.3.11 所示。

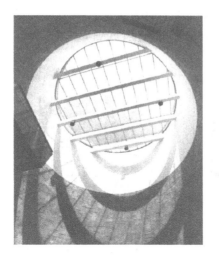

图 2.3.11　采光顶效果

② 高层建筑:通过剖面了解层数、楼梯间、设备层、屋顶、裙房等的分布情况,如图 2.3.12所示。

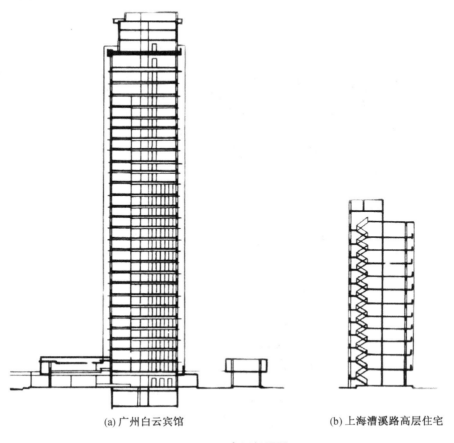

(a) 广州白云宾馆　　　　　　　　　　(b) 上海漕溪路高层住宅

图 2.3.12　高层剖面图

高层建筑受侧向风力影响严重,因此常结合剪力墙布置,或将楼梯间、电梯间和设备管线组织在竖向筒体中,加强房屋的刚度,如图 2.3.13 所示。

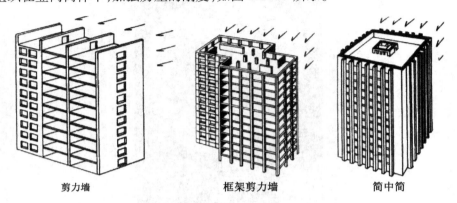

剪力墙　　　　　　　框架剪力墙　　　　　　筒中筒

图 2.3.13　高层建筑风力影响示意图

（3）错层和跃层

错层和跃层是指室内同一层标高却不同的情况。解决"标高不同"有两种方法:

① 利用室外台阶,如图 2.3.14 所示。

图 2.3.14　室外台阶解决"标高不同"的方式

② 利用楼梯间,如图 2.3.15 和图 2.3.16 所示。

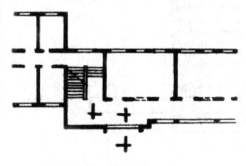

图 2.3.15　利用楼梯间解决"标高不同"的方式平面示意图

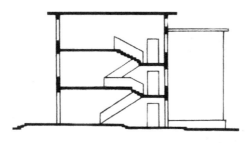

图 2.3.16 利用楼梯间解决"标高不同"的方式剖面示意图

2.2.2 建筑空间的组合

（1）高度相同或接近的房间组合

如教学楼中的教室和阅览室,住宅中的卧室和起居室。在进行布局时应尽可能地将同一高度的房间布置在一起,如图 2.3.17 所示。

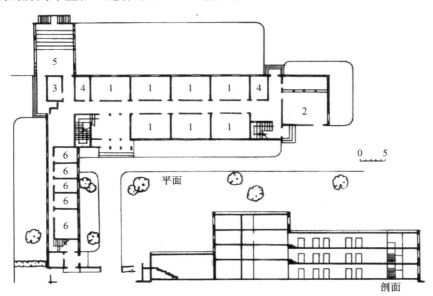

1—教室;2—阅览室;3—贮藏室;4—厕所;5—阶梯教室;6—办公室

图 2.3.17 高度相同或接近的教室和阅览室组合方式

江苏大丰某小学科技综合楼,如图 2.3.18 所示。

图 2.3.18　高度相同或接近的教室和阅览室组合效果图

（2）高度相差较大的房间

以某单层食堂为例,厨房上加气楼,对层高要求更高;而备餐人少,对层高要求较低,如图 2.3.19 和图 2.3.20 所示。

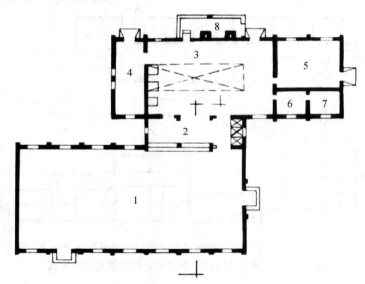

1—餐厅;2—备餐;3—厨房;4—主食库;5—调味库;6—管理;7—办公;8—烧火间

图 2.3.19　某单层食堂高度相差较大的房间平面布置示意图

图 2.3.20　某单层食堂高度相差较大的房间剖面示意图

在体育场馆中也有一些高度相差较大的房间,这时可以将矮房间布置在看台下面,如图 2.3.21 所示。

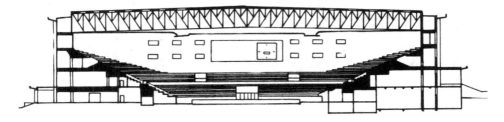

图 2.3.21　体育场馆中不同层高布置示意图

在高层建筑中同样也有高度相差较大的房间,这时可以分层布置,如图 2.3.22 所示。

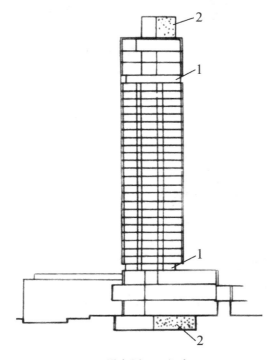

1—设备层;2—机房

图 2.3.22　有设备层的高层建筑剖面

（3）楼梯在剖面中的位置

楼梯尽量沿外墙布置；若只能安排在中间，应解决好采光和通风问题，如设置采光罩、天井或采用开敞式楼梯布置，如图 2.3.23 ~ 图 2.3.25 所示。

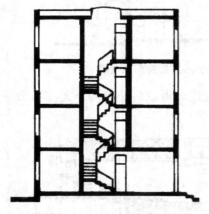

图 2.3.23　楼梯井顶部设置采光罩

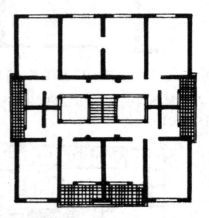

图 2.3.24　楼梯两侧设置天井

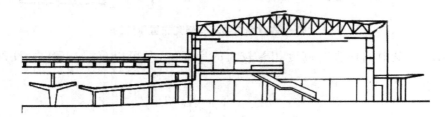

图 2.3.25　开敞式楼梯布置

2.2.3　建筑空间的利用

（1）房间内的空间利用，如图 2.3.26 ~ 图 2.3.30 所示。

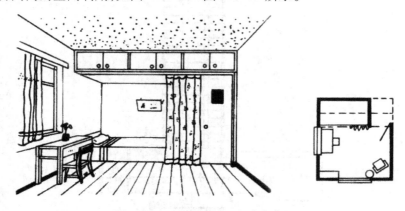

图 2.3.26　利用床铺上部设置吊柜

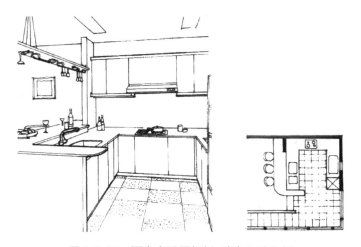

图 2.3.27 厨房中设置搁板、壁龛和贮物柜

图 2.3.28 居室设置到顶的组合柜

图 2.3.29 阅览室设置夹层,增加使用面积

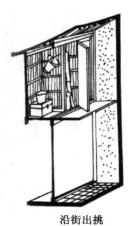

阁楼   沿街出挑

图 2.3.30   地方民居的空间利用

（2）走廊、门厅和楼梯间的空间利用,如图 2.3.31～图 2.3.34 所示。

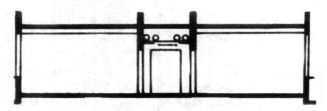

图 2.3.31   走廊上部设备空间

图 2.3.32   门厅设置走马廊

图 2.3.33　大厅中设置夹层

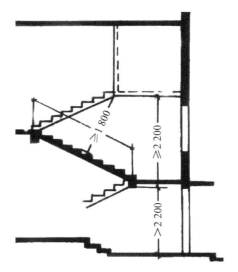

图 2.3.34　楼梯间顶层平台的利用

最后再来看一些常用建筑的最小净高：

① 商业建筑

营业厅：3.2 m(自然通风,单侧开窗)；

　　　　3.5 m(自然通风,前后开窗)；

　　　　3.5 m(机械通风)；

　　　　3.0 m(空调通风)。

仓库：2.1 m(有货架)；

　　　4.6 m(有夹层)。

② 医院建筑

诊疗室：2.6 m。

病房：2.8 m。

③ 普通旅馆

客房(有空调)：2.6 m(2.4 m)。

客房(坡屋顶内空间)：2.4 m。

客房内走道：2.1 m。

客房外走道：2.1 m。

④ 展览馆

展览厅：6.0 m。

门厅：4.0 m。

行政管理：2.4 m。

会议室：2.8 m。

客房：2.4 m。

厨房：2.4 m。

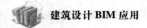

餐厅、咖啡厅：2.4 m。
剧场：8.0 m。
球场：5.0 m。
停车场：2.2 m。

第 3 章　建筑设计 BIM 基础

如今,建筑界传之又传的技术非 BIM 莫属,然而什么是 BIM?

BIM 即建筑信息模型(Building Information Modeling)或建筑信息管理(Building Information Management),是以建筑工程项目的各项相关信息数据作为基础,建立起三维的建筑模型,通过数字信息仿真模拟建筑物所具有的真实信息。它具有可视化、协调性、模拟性、优化性、可出图性、一体化性、参数化性和信息完备性八大特性。

当然,这些表述太过于笼统,准确地说,BIM 的基本定义是从 BIM 设计过程的资源、行为、交付三个基本维度,给出设计企业的实施标准的具体方法和实践内容。BIM(建筑信息模型)不是简单地将数字信息进行集成,而是一种数字信息的应用,并可以用于设计、建造、管理的数字化方法。这种方法支持建筑工程的集成管理环境,可以使建筑工程在其整个进程中的效率显著提高、风险幅降低。

住房和城乡建设部工程质量安全监管司处长对 BIM 做出了解释。BIM 技术是一种应用于工程设计建造管理的数据化工具,通过参数模型整合各种项目的相关信息,在项目策划、运行和维护的全生命周期过程中进行共享和传递,使工程技术人员对各种建筑信息做出正确理解和高效应对,为设计团队及包括建筑运营单位在内的各方建设主体提供协同工作的基础,在提高生产效率、节约成本和缩短工期方面发挥重要作用。

由于国内《建筑信息模型应用统一标准》还在编制阶段,这里暂且引用美国国家 BIM 标准(NBIMS)对 BIM 的定义。该定义由以下三部分组成:

① BIM 是一个设施(建设项目)物理和功能特性的数字表达;

② BIM 是一个共享的知识资源,是一个分享有关这个设施的信息,为该设施从建设到拆除的全生命周期中的所有决策提供可靠依据的过程;

③ 在项目的不同阶段,不同利益相关方通过在 BIM 中插入、提取、更新和修改信息,以支持和反映其各自职责的协同作业。

那么,BIM 的八大特性又是什么呢?

3.1　可视化

可视化即"所见所得"的形式,对于建筑行业来说,可视化的真正运用在建筑业的作用是非常大的。例如我们常见的施工图纸,只是各个构件的信息在图纸上采用线条绘制表达,但是其真正的构造形式需要建筑业参与人员自行想象。对于一般简单的东西来说,这种想象也未尝不可,但是近几年建筑业的建筑形式各异,复杂造型不断推出,那么这种光靠人脑去想象的东西就未免有点不太现实了。所以 BIM 提供了可视化的思路,让人们将以往的线条式的构件形成一种三维的立体实物图形展示在人们面前;建筑业也有设计方面出效果图的事情,但是这种效果图是分包给专业的效果图制作团队根据识读设计制作出的线条式信息制作出来的,并不是通过构件的信息自动生成的,缺少了同构件之间的互动性和反馈性。然而 BIM 提到的可视化是一种能够使同构件之间形成互动性和反馈性的可视,在 BIM 建筑信息模型中,由于整个过程都是可视化的,所以可视化的结果不仅可以用来展示效果图及生成报表,更重要的是,项目设计、建造、运营过程中的沟通、讨论、决策都可以在可视化的状态下进行。

3.2　协调性

这个方面是建筑业中的重点内容,不管是施工单位还是业主及设计单位,无不在做着协调及配合的工作。一旦项目的实施过程中遇到了问题,就要将各有关人士组织起来开协调会,找出各施工问题发生的原因及解决办法,然后出变更、做相应补救措施等解决问题。那么这个问题的协调真的就只能在出现问题后再进行协调吗?在设计时,往往由于各专业设计师之间的沟通不到位,而出现各种专业之间的碰撞问题,例如暖通等专业中的管道在进行布置时,由于施工图纸是各自绘制在各自的施工图纸上的,在真正施工过程中,可能在布置管线时正好在此处有结构设计的梁等构件妨碍着管线的布置。像这样的碰撞问题的协调解决就只能在问题出现之后再进行解决吗?BIM 的协调性服务就可以帮助处理这种问题,也就是说 BIM 建筑信息模型可在建筑物建造前期对各专业的碰撞问题进行协调,生成提供协调数据。当然 BIM 的协调作用也并不是只能解决各专业间的碰撞问题,它还可以解决电梯井布置与其他设计布置及净空要求之协调,防火分区与其他设计布置之协调,地下排水布置与其他设计布置之协调等问题。

3.3　模拟性

模拟性并不是只能模拟设计出建筑物模型,还可以模拟不能够在真实世界中操作的事物。在设计阶段,BIM 可以对设计上需要进行模拟的一些东西做模拟实验,例如:节能模拟、紧急疏散模拟、日照模拟、热能传导模拟等;在招投标和施工阶段可以进行 4D 模拟(三维模型加项目的发展时间),也就是根据施工的组织设计模拟实际施工,从而确定合理的施工方案来指导施工。同时还可以进行 5D 模拟(基于 3D 模型的造价控制),从而实现成本控制;后期运营阶段可以模拟日常紧急情况的处理方式,如地震人员逃生模拟及消防人员疏散模拟等。

3.4　优化性

事实上,整个设计、施工、运营的过程就是一个不断优化的过程,当然优化和 BIM 之间也不存在实质性的必然联系,但在 BIM 的基础上可以做更好的优化。优化受三样东西的制约:信息、复杂程度和时间。没有准确的信息做不出合理的优化结果,BIM 模型不仅提供了建筑物的实际存在的信息,包括几何信息、物理信息、规则信息,还提供了建筑物变化以后的实际存在。当复杂程度高到一定程度,参与人员本身的能力无法掌握所有的信息时,就必须借助一定的科学技术和设备的帮助。现代建筑物的复杂程度大多超过参与人员本身的能力极限,BIM 及与其配套的各种优化工具提供了对复杂项目进行优化的可能。基于 BIM 的优化可以做下面的工作:

① 项目方案优化:把项目设计和投资回报分析结合起来,实时计算出设计变化对投资回报的影响;这样业主对设计方案的选择就不会主要停留在对形状的评价上,而还可以使业主知道哪种项目设计方案更符合自身的需求。

② 特殊项目的设计优化:例如裙楼、幕墙、屋顶、大空间到处可以看到异型设计,这些内容看起来占整个建筑的比例不大,但是占投资和工作量的比例和前者相比却往往要大得多,而且通常也是施工难度比较大和施工问题比较多的地方。对这些内容的设计施工方案进行优化,可以带来显著的工期缩短和造价降低。

3.5　可出图性

BIM 并不是为了出常见的建筑设计院所出的建筑设计图纸,及一些构件加工的图纸,而是通过对建筑物进行了可视化展示、协调、模拟、优化以后,可以帮助业主出如下图纸:

① 综合管线图(经过碰撞检查和设计修改,消除了相应错误以后);

② 综合结构留洞图(预埋套管图);

③ 碰撞检查侦错报告和建议改进方案。

我们可以由上述大体了解 BIM 的相关内容。BIM 在世界很多国家已经有比较成熟的 BIM 标准或制度。BIM 在中国建筑市场内要顺利发展,只有将 BIM 和国内的建筑市场特色相结合,才能够满足国内建筑市场的特色需求,同时 BIM 将会给国内建筑业带来一次巨大变革。

3.6　一体化性

基于 BIM 技术可进行从设计到施工再到运营,贯穿了工程项目的全生命周期的一体化管理。BIM 的技术核心是一个由计算机三维模型所形成的数据库,不仅包含了建筑的设计信息,而且可以容纳从设计到建成使用,甚至到使用周期终结的全过程信息。

3.7　参数化性

参数化建模是指通过参数而不是数字建立和分析模型,简单地改变模型中的参数值就能建立和分析新的模型。BIM 中图元是以构件的形式出现的,这些构件之间的不同,

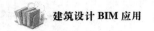

是通过参数的调整反映出来的,参数保存了图元作为数字化建筑构件的所有信息。

3.8　信息完备性

信息完备性体现在 BIM 技术可对工程对象进行 3D 几何信息和拓扑关系的描述及完整的工程信息描述。

第 4 章　Revit 建筑设计概述

4.1　Revit 的概述

多年以来,许多建筑师都是使用 AutoCAD 这类绘图软件在计算机上进行建筑设计的。虽然该软件在平面表现方面功能非常强大,但是由于这类软件并不是针对建筑业开发的,在建筑专业内部使用时缺乏相应的标准,加之其三维能力较差等缺点,因此很多建筑师尝试使用其他软件,如 Revit 就是其中之一,并因其自身优点受到越来越多建筑师的青睐。2006 年 8 月 29 日发布了 Revit Structure 4.0,同时发布了与 Revit Structure 相兼容的 Revit Building 9.1 版本,以及兼容于 Revit Building 9.1 与 Revit Structure 4.0 的 Revit Systems 1.0 版本,并且针对建筑业已发布 Revit Architecture 2008,Revit 的功能也日臻完善。

Revit 是 Autodesk 公司一套系列软件的名称。Revit 系列软件是为建筑信息模型(BIM)构建的,可帮助建筑设计师设计、建造和维护质量更好、能效更高的建筑。

Revit 是我国建筑业 BIM 体系中使用最广泛的软件之一。

BIM 支持建筑师在施工前更好地预测竣工后的建筑,使他们在如今日益复杂的商业环境中保持竞争优势。Autodesk Revit 软件专为建筑信息模型(BIM)而构建。BIM 是以从设计、施工到运营的协调、可靠的项目信息为基础而构建的集成流程。通过采用 BIM,建筑公司可以在整个流程中使用一致的信息来设计和绘制创新项目,并且还可以通过精确实现建筑外观的可视化来支持更好地沟通,模拟真实性能以便让项目各方了解成本、工期与环境影响。

建筑行业中的竞争极为激烈,我们需要采用独特的技术来充分发挥我们专业人员的技能和丰富经验。Autodesk Revit 消除了很多庞杂的任务,我们的员工对其非常满意。

Autodesk Revit 软件能够在项目设计流程前期探究最新颖的设计概念和外观,并能在整个施工文档中忠实传达设计理念。Autodesk Revit 面向建筑信息模型(BIM)而构建,支持可持续设计、碰撞检测、施工规划和建造,同时帮助与工程师、承包商与业主更好地沟通协作。设计过程中的所有变更都会在相关设计与文档中自动更新,实现更加协调一致的流程,获得更加可靠的设计文档。

Autodesk Revit 全面创新的概念设计功能带来易用工具,可以进行自由形状建模和参数化设计,并且还能够对早期设计进行分析。借助这些功能,设计者可以自由绘制草图,快速创建三维形状,交互地处理各个形状,还可以利用内置的工具进行复杂形状的概念澄清,为建造和施工准备模型。随着设计的持续推进,Autodesk Revit 能够围绕最复杂的形状自动构建参数化框架,并提供更高的创建控制能力、精确性和灵活性。从概念模型到施工文档的整个设计流程都能在一个直观环境中完成。

4.2 Revit 的优势

(1)使用 Revit 可以导出各建筑部件的三维尺寸和体积数据,为概预算提供资料,资料的准确度同建模的精确度成正比。

(2)在精确建模的基础上,用 Revit 建模生成的平立图完全对得起来,图面质量受人的因素影响很小,而对建筑和 CAD 绘图理解不深的设计师画的平立图可能有很多地方不交接。

(3)其他软件只能解决一个专业的问题,而 Revit 能解决多个专业的问题。Revit 不仅有建筑、结构、设备,还有协同、远程协同,带材质输入 3D MAX 的渲染,云渲染,碰撞分析,绿色建筑分析等功能。

(4)强大的联动功能,平、立、剖面及明细表双向关联,一处修改,处处更新,自动避免低级错误。

(5)Revit 设计会节省成本,节省设计变更,加快工程周期。

① 数化建筑图元是 Revit 的核心。② Revit 提供了许多在设计中可以立即启用的图元,这类构件以建筑构件的形式出现;Revit 也允许用户自己设计建筑构件,通过自定义"族(family)"(族就是类似几何图形的编组),可以灵活适应建筑师的创新要求。③ 建筑图纸文档生成及修改维护简单,由于绘图方式基本是三维的,关联修改可自动避免图纸设计过程中平、立、剖面之间可能产生不一致的低级错误。④ 具有及时更新能力。Revit 依赖族创建的模型,当修改其中一个构件时,所有同类型的构件在所有视图里全部自动更新,节省人力和时间。⑤ 具有可视化虚拟建筑展示功能及分析功能。应用三维可视化,可以直观、迅速地发现设计中可能产生的瑕疵。⑥ 建筑设计不仅是一个模型,也是一个完整的数据库。它可以导出各种建筑部件的三维尺寸,并能自动生成各种报表、工程进度及概预算等,其准确程度与建模的精确程度成正比。⑦ Revit 的设计思路和理论十分先进,代表着设计软件的发展方向。出过关于 Revit 实际案例的省院级以上设计机构超过 13 家,官方发布案例来自超过 20 家国内设计机构;官方在 ABBS 的推广力度非常大,几乎做到有问必答,将国内最重要的建筑论坛作为交流基地。Revit 有望在不久的将来成为建筑师操作软件的主流。

相比于国内目前的各类建筑设计软件,Autodesk Revit 作为 BIM 专门设计的软件,使建筑师和设计师能够在建筑整体上工作,而不再依照不同楼层、不同部分、不同角度分开规划。Autodesk Revit 能够通过三维绘制的方式实现建筑师和设计师脑海中的设计图,真实地展现实际建筑。同时,利用 Revit 参数设置技术可以将任何改变后的参数应用到整个设计过程中,包括察看模型、绘制图纸、制作进度表、绘制不同设计部分、规划及透视图,这也使整个设计过程及其修改过程变得更加流畅。

第 5 章　Revit 建筑设计基本操作

5.1　Revit 软件安装所需硬件配置

下文提供 Autodesk Revit 2016 系列产品的系统要求,产品包括:Autodesk Revit,Autodesk Revit Architecture,Autodesk Revit MEP,Autodesk Revit Structure。这里着重介绍以上产品的入门级配置、性能价格比平衡配置及性能优先配置,Revit 2016 各级别配置详情见表 5.1.1。

表 5.1.1　硬件配置表

	入门级配置	性能价格比平衡配置	性能优先配置
操作系统	Microsoft Windows 7 sp1 64 位	Microsoft Windows 8 sp1 64 位	Microsoft Windows 10 sp1 64 位
CPU	单核或多核 Inter Pentium、Xeon 或 i 系列处理器或采用 SSE2 技术同等 AMD	多核 Inter 、Xeon 或 i 系列处理器或采用 SSE2 技术同等 AMD	多核 Inter 、Xeon 或 i 系列处理器或采用 SSE2 技术同等 AMD
	CPU 建议高频,Revit 软件产品将进行许多使用多核的任务,最多需要 16 核进行接近照片级的渲染操作		
内存	4 GB　通常足够一个大小约占 100 M 的磁盘上模型的常见编辑对话	8 GB　通常足够一个大小约占 300 M 的磁盘上模型的常见编辑对话	16 GB　通常足够一个大小约占 700 M 的磁盘上模型的常见编辑对话
	以上数据均来自于内部测试和用户报告。因个人计算机性能不同有时会需要更多内存		
视频显示	1 280×1 024 真彩	1 680×1 050 真彩	1 920×1 200 真彩
视频适配器	Autodesk 建议使用支持 DirectX 11(或更高版本)及 Shader Model 3		
磁盘空间	5 G 可用磁盘空间	5 G 可用磁盘空间	5 G 可用磁盘空间 10000 + RPM(用于点云交互)
浏览器	Microsoft Internet Explorer 7.0(或更高版本)		
链接	Internet 链接,用于许可证注册和必备组件下载		

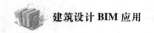

5.2　Revit 的启动

Revit 安装完成后,可以像启动其他应用程序那样启动 Revit。

（1）单击"Windows 开始菜单"–"所有程序"–"Autodesk"–"Autodesk Revit 2016"–"Autodesk Revit 2016",即可启动 Revit。

（2）程序安装完成后,会在桌面上生成快捷图标,双击桌面上的 Revit 2016 快捷方式,即可启动 Revit。

启动 Revit 2016 后将显示"最近使用的文件"界面（见图 5.2.1）,并以缩略图的形式列出最近打开的项目文件,以及最近使用的族文件,可以单击项目或族的缩略图来打开项目或族继续工作,也可以在该界面下新建项目或族。

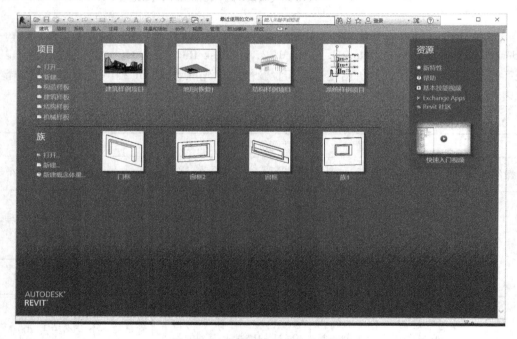

图 5.2.1　"最近使用的文件"界面

5.3　Revit 界面介绍

Revit 采用的是 Ribbon 界面。Ribbon 即功能区,是一个收藏了命令按钮和图示的面板。功能区把命令组织成一组"标签"。每一组"标签"包含了相关的命令。不同的标签组展示了程序所提供的不同功能。用户可以针对操作需要,更加快速简便地找到相应的功能。Revit 常用的项目界面与功能区划分如图 5.3.1 所示。

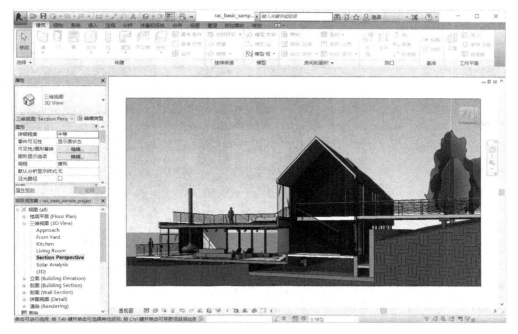

图 5.3.1　Revit 主界面

5.3.1　应用程序菜单

应用程序菜单主要提供对常用 Revit 工程文件的操作访问,例如"新建""打开""保存""另存为""导出"等常用文件操作命令。单击软件左上角的"R"按钮后,即可打开应用程序菜单。其中"新建""打开""保存"及"另存为"菜单与 AutoCAD 非常类似,使用过 CAD 系列软件的人不会对 Revit 菜单感到陌生。Revit 支持多格式导出,方便了与其他主流软件,如 Autodesk 3ds Max 和 Autodesk CAD 等的数据交换,给用户提供了极大的便利。另外,Revit 最近打开和新建的项目及族文件均会有历史记录,也便于使用者快速打开最近使用的文件,提高了使用效率。应用程序菜单如图 5.3.2 所示。

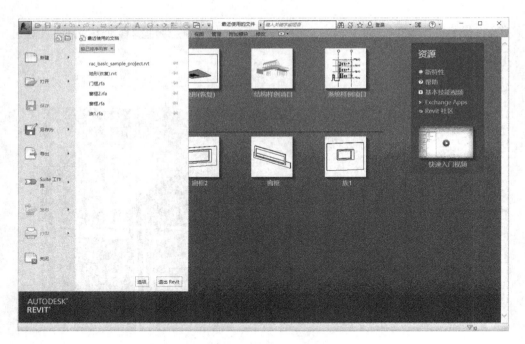

图 5.3.2　应用程序菜单

在 Revit 2016 中单击应用程序菜单中的"选项"按钮会弹出"选项"对话框。用户可以看到"常规""用户界面""图形"等一系列选项卡。其中,在"常规"选项卡可以设置如"用户名""保存提醒间隔"。在"用户界面"选项卡中可设置使用"快捷键"及鼠标"双击选项"等参数。如图 5.3.3 所示。

图 5.3.3　快捷键设置对话框

在"图形"选项卡下可以调节"背景"颜色、"选择项"颜色等与色彩有关的设置,非常人性化。Revit 2016 可以将背景设置成任意颜色。

5.3.2　快速访问工具栏

"快速访问工具栏"是放置常用命令和按钮的集合。它提供快速使用这些常用命令和按钮的快捷操作方式,提高使用效率。"快速访问工具栏"的内容是可以根据用户喜好定制的。单击"快速访问工具栏"后的" ▼ "按钮后,弹出"快速访问工具栏"的相关内容,如图 5.3.4 所示。另外,想要将自己常用的命令添加至快速访问工具栏,只需要在该命令按钮单击右键并选择"添加到快速访问工具栏"命令即可。

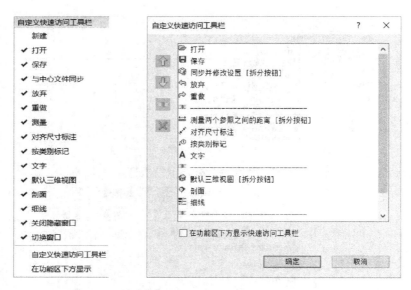

图 5.3.4　自定义快速访问工具栏

5.3.3　功能区

"功能区",即 Revit 中建模所需要的主要命令区域。"建筑""结构""系统"等标签分别包括了其专业内常用的建模命令按钮。单击相应按钮后即可实现模型的绘制功能或参数设置。功能区一般包括"主按钮""下拉按钮""分隔线",如图 5.3.5 所示。

图 5.3.5　功能区

用户单击功能区"图片"按钮的右侧下拉按钮后,弹出如图 5.3.6 所示。可以改变功能区的样式来满足用户个性化的需求。

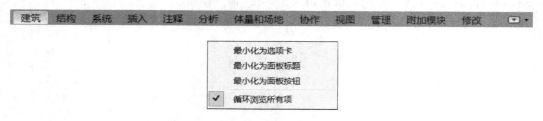

图 5.3.6　功能区下拉菜单

图 5.3.7 从下到上 1~4 项分别为"循环浏览所有项""最小化为面板按钮""最小化

为面板标题""最小化为选项卡"4 种功能区显示样式类型,以方便用户根据操作习惯来调整绘图区域的大小。

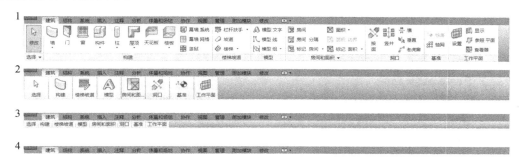

图 5.3.7 功能区显示样式

5.3.4 修改选项卡

当单击某些命令按钮后,会因该命令的自身特殊性自动增加该命令相关的"修改选项卡",其中包括只与该命令工具及图元相关的命令可选项。例如,单击"建筑"选项卡"构建"标签中的"楼板"按钮时,会出现"修改|创建楼层边界"选项卡,如图 5.3.8 所示。

图 5.3.8 修改选项卡

5.3.5 属性对话框

"属性"对话框,是用来查看和修改图元参数值的重要渠道,是了解建筑信息的主要来源,也是模型修改主要工具之一,如图 5.3.9 所示。具体用法会结合实例在后面几章进行讲解,这里不作具体说明。

5.3.6 项目浏览器

Revit 中项目浏览器是用于显示当前项目中的所有视图、明细表、图纸、族、组、链接的模型和其他部分的逻辑层次。单击这些层次前的"+"可以展开分支,"-"可以折叠各分支。如图 5.3.10 所示。

在项目浏览器中,用户可以查找在项目中的所有族文件,查看所有的平面视图、图纸、选择图元后可进行相应的修改操作。使用项目浏览器可以极大地提高建模效率,读者应当好好掌握。

图 5.3.9　属性对话框

图 5.3.10　项目浏览器

5.3.7　状态栏

"状态栏"是对用户当前使用的命令操作的状态提示,也是使用该命令时的相关技巧或提示。用户在建模时应对它多加关注,提示中的小技巧往往会帮助用户提高建模效率。如图 5.3.11 所示。

图 5.3.11　状态栏

5.3.8　视图控制栏

视图控制栏位于状态栏界面上方,样式如图 5.3.12 所示。用户通过单击相应的按钮,可以对视图进行控制。

图 5.3.12　视图控制栏

视图控制栏中的按钮从左到右依次为:

· 比例;

· 详细程度(粗略、中等、精细);

·视觉样式(线框、隐藏线、着色、一致的颜色、真实及光线追踪);

·打开/关闭日光路径;

·打开/关闭阴影;

·显示/隐藏渲染对话框(仅当绘图区为三维视图时可用);

·打开/关闭裁剪区域;

·显示/隐藏裁剪区域;

·锁定/解锁三维视图;

·临时隐藏/隔离;

·显示隐藏的图元;

·临时视图属性;

·显示/隐藏分析模型;

·高亮显示位移集;

·显示/隐藏约束。

5.3.9　View Cube

View Cube 是 Revit 软件提供的三维导航工具,用于指示已打开三维模型的当前视图方向。用户可以在 View Cube 中单击相应的方向使三维模型快速定位至该方向。View Cube 的样式如图 5.3.13 所示。

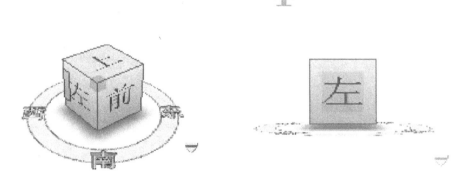

图 5.3.13　View Cube

5.3.10　导航栏

导航栏默认是在 Revit 界面的右侧区域,主要是用于访问导航。其中"全导航控制盘"可提供"缩放""平移""漫游"等操作,如图 5.3.14 所示。

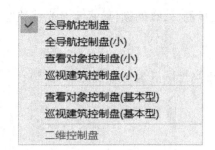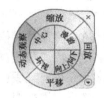

图 5.3.14　导航栏

5.3.11　信息中心

信息中心是 Revit 软件为用户提供的在线交流媒介,可以通过信息中心快速进入 Revit帮助中心及登陆 Autodesk A360,获取 Autodesk 公司的相关服务,如图 5.3.15 所示。

图 5.3.15　信息中心

第 6 章 标高和轴网

标高和轴网是建筑设计中重要的定位信息,Revit 2016 通过标高和轴网偏移为建筑模型中的各构件的空间定位关系。在 Revit 2016 中设计项目,可以从标高和轴网开始,根据标高和轴网信息建立建筑中墙、门、窗等模型构件;也可以先建立概念体量模型,再根据概念体量生成标高、墙、门、窗等三维构件模型,最后再添加轴网、尺寸标注等注释信息,完成整个项目。这两种方法殊途同归,本书以第一种方法创建综合楼项目,该流程符合国内绝大多数建筑设计院的设计流程。

6.1 创建和编辑标高

用户打开 Revit 软件,选择"新建"−"项目",如图 6.1.1 所示。

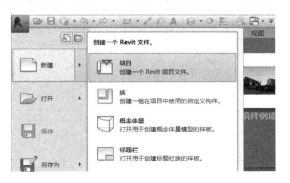

图 6.1.1 Revit 新建项目

依据所属专业,在样板文件下拉菜单中选取样板,单击"确定"退出,如图 6.1.2 所示。

在项目浏览器中单击"立面东"(这里也可以选择其他立面,在其中一个立面创建标高后,其他的立面也会自动生成标高),依据 CAD 图纸所示标高。创建样板文件标高线;或在立面视图中插入含有标高信息的 CAD 图纸,拾取标高线。

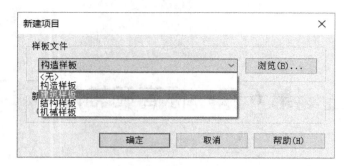

图 6.1.2　样板文件选取

6.1.1　添加标高

在如图 6.1.3 所示的工具条中选择"标高"-"直线"命令。

图 6.1.3　标高命令

在图 6.1.4 所示的属性栏顶部选取需要的标高样式,输入标高间距,完成绘制,如图 6.1.5 所示。

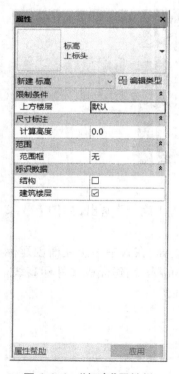

图 6.1.4　"标高"属性栏

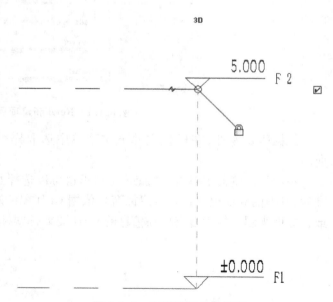

图 6.1.5　立面视图中的标高

刚输入的标高线都会参照已有的一个标高线显示间距，双击标注的数值可以对其进行修改，也可以单击标注的标高数值对其进行修改。移动所绘标高线的端点，当其与其他标高线对齐时将出现蓝色虚线，释放鼠标可见锁状图样，如图 6.1.5 所示。这表示新绘制的标高与已有的标高锁定。此后所做的水平移动命令，将会对所有已对齐标高线同时生效，即多条标高线同时移动；若要单独修改，需先解锁再移动。

在工具栏的"修改|放置标高"选项栏中，软件默认勾选"创建平面视图"。该选择表示：标高创建完成时，系统将自动生成与之对应的天花板平面、楼层平面、结构平面视图。单击"创建平面视图"后的"平面视图类型"，可选择所要创建的视图类型。

注意：标高单位通常按业内习惯设为"m"。

6.1.2 复制标高

选择一层标高，在"修改标高"选项卡中选择"复制"，可快速生成所需标高，如图 6.1.6 所示。

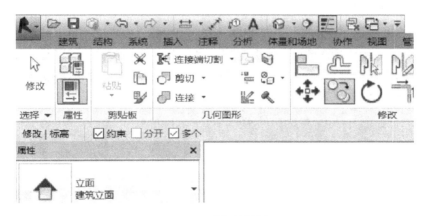

图 6.1.6 "复制"按钮

选择标高 F2，单击图 6.1.6 所示工具条上的"复制"按钮，并在选项栏中勾选"约束"及"多个"复选框。该步操作可确保复制的标高线与源标高保持正交对齐，且可连续执行多次操作。此后，将光标移至绘图区并单击标高线 F2，向上移动，可以看到临时标注的间距数值变成"3900"，也可以直接键入标高间距"3900"，按回车键即完成绘制。

重复上述操作，可完成后续标高的绘制。全部标高完成后，右击鼠标"取消"或键盘"ESC"键结束复制命令。

注意：通过复制命令生成的标高线，不会自动生成与之对应的楼层平面，复制命令生成的标高线需要通过视图添加相应的楼层。

6.1.3 阵列标高

"阵列标高"是指一次复制多个标高。它适用于某一组有规律排列的标高绘制。

例如，绘制某间隔一致的标准层标高时，可采用"阵列"命令完成。以本例为例，选择标高 F2，在"修改|标高"选项卡中选择如图 6.1.7 所示的"阵列"按钮。

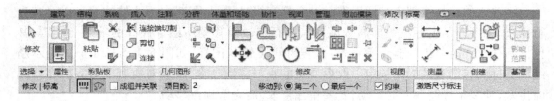

图 6.1.7 "阵列"按钮

在选项栏中取消勾选"成组并关联",否则阵列后的标高线将自动成组,需编辑组才可调整标头位置、标高高度等属性参数。键入项目数"8",该数字表示将生成包含被阵列对象在内的 8 条标高线。光标移至绘图区,单击标高线 F2,向上移动,键入标高间距 3900,按回车键即可。

注意:通过阵列命令生成的标高线,同复制命令一样,也不会自动生成与之相对应的楼层平面。

6.1.4 编辑标高

选择标高线,会出现临时尺寸、控制符号等,如图 6.1.8 所示。单击临时尺寸数字或标头数字,可完成对间隔的修改。标头"隐藏/显示",控制标头符号的关闭与显示。单击"添加弯头"的折线符号,可偏移标头,用于标高间距过小时的图面内容调整。单击蓝圈"拖动点",可调整标头位置。

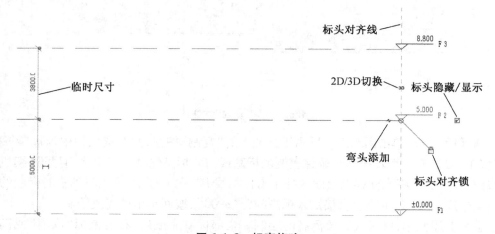

图 6.1.8 标高修改

对名称和样式的修改则可通过编辑标高标头族文件来实现,也可以在属性栏完成相关操作。单击已绘制的标高线,在属性对话框中可修改标高的名称、高度。其中对于标高名称的修改可在随后的对话框中确认是否重命名相应视图。选择"是(Y)",则所有与之相关的视图同步更新名称。此外,点击标高线属性栏中的"编辑类型"可完成对标高线线宽、颜色、线型图案、符号等参数的修改,如图 6.1.9 所示。

图6.1.9　标高属性栏中的"编辑类型"

6.1.5　标高锁定

标高绘制完成后,选中全部标高线,"修改|标高"–"修改"–"锁定",确保标高线固定于原位,不会因误操作而发生偏移。

6.2　创建轴网

轴网是构件水平定位的重要依据,也是现场施工中最基本的定位数据。编号相同的轴线所代表的位置信息是相同的,不同层之间同名轴线可能因为构件的布置情况不同,所以长度上有差异。轴网与上节介绍的"标高"共同组成建筑的三维定位系统。

6.2.1　轴网绘制

链接CAD:在"项目浏览器"中选择一个楼层,进入该楼层平面。用户选择"插入"–"链接CAD"。在其后弹出的"链接CAD格式"对话框中将"导入单位"切换至"毫米","定位"方式选定为"自动–原点到原点",单击"打开"完成链接,如图6.2.1所示。

图 6.2.1　链接文件设置

在正式建模前，单击 CAD，在"修改|视图"选项卡中将其锁定，以防后期错位移动。

6.2.2　轴线拾取

选择"轴网"–"绘制"–"拾取线"。设定好轴网样式，依次单击 CAD 图中的轴线，生成模型文件中的轴网。

注意：绘制第一根纵轴、横轴时需注意修改轴线符号，后续编号将自动排序。轴号 I，O，Z 容易和数字 1，0，2 混淆，习惯上不能用。而 Revit 软件不能自动排除这些轴号，需手动修改。

6.2.3　复制、阵列、镜像轴网

若项目并非采用从 CAD 拾取线生成轴网的方式，则需自行绘制轴网。此时，用到"复制""阵列""镜像"等命令将极大地提高建模效率。

选择轴线，单击"复制""阵列""镜像"，快速生成轴线，轴号自动排序，同"标高"绘制操作相同。对轴线执行"阵列"命令时，需注意取消勾选"成组并关联"，以便后期调整。

6.2.4　编辑轴网

选择一根轴线，图面将出现临时尺寸标注。单击尺寸标注上的数字可以修改轴间距，如图 6.2.2 所示。勾选或取消勾选"隐藏/显示标头"可以控制轴号的显示或隐藏。如需调整轴号的表现形式，可以选择要修改的轴线，进入"属性"–"类型属性"，在弹出的"类型属性"对话框中修改"平面视图轴号端点"的表现形式，如图 6.2.3 所示。

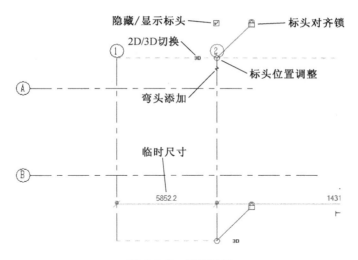

图 6.2.2 编辑轴网

图 6.2.3 轴网属性修改

在类型属性中还可以设置"轴线中段"的显示样式、轴线末端宽度与填充图案。通过对"非平面视图轴号"显示方式的切换,可控制立面、剖面等视图的轴号显示状态、位置。

单击添加弯头的折线,可拖动轴号位置。该功能可用于轴间距过小、轴号标记重叠

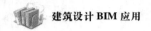

时的图面调整,以确保出图效果。

当轴线显示标头对齐锁时,表示该轴线已与其他轴线对齐,此时拖动标头位置调整,会看到多轴线同步移动。若需单独调整,则打开标头对齐锁,再进行拖动。

轴线状态呈"3D"标志时,所作修改在所有视图中均生效,即在 F1 平面里做的修改,在 F2 等同步联动。单击切换为"2D"后,拖动轴线标头只改变当前视图的端点位置,在其余视图仍维持原状。

6.2.5 影响范围设定

在楼层平面 F1 中选择轴线,激活"修改|轴网"选项卡,选取"影响范围",在随后弹出的对话框中选择相应的视图即可,如图 6.2.4 所示。如勾选楼层平面 F2,单击"确定"。

这一命令将使对轴线所做的调整仅影响所选视图,即在 F2 中同步生效,其他层无变化,如图 6.2.5 和图 6.2.6 所示。

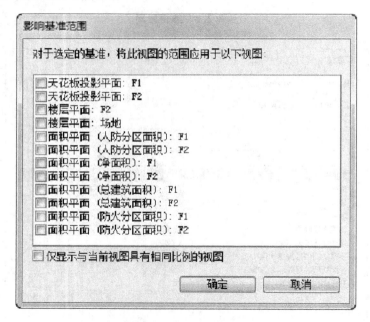

图 6.2.4　选中视图

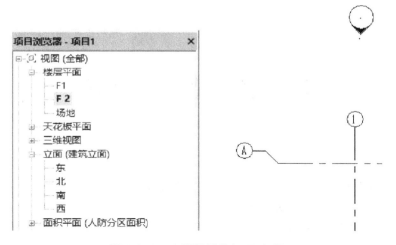

图 6.2.5　F2 楼层轴线与 F1 相同

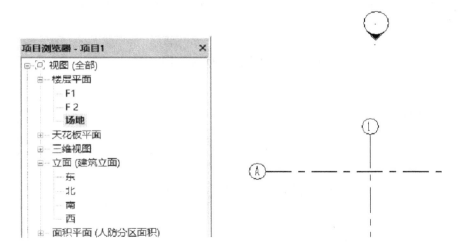

图 6.2.6　场地楼层轴线与 F1 不同

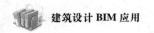

第 7 章　墙体及幕墙

通过第 6 章我们已经学习了如何建立轴网和标高,可以对模型进行定位。从本章开始,将进行模型的搭建。首先从建筑最基本的模型构件——墙体及幕墙开始。

Revit 提供了墙工具,用于绘制和生成墙体对象。在 Revit 中创建墙体时,首先需要定义好墙体的类型——包括墙厚、构造、材质、功能等,再指定墙体的平面位置、高度等参数。Revit 提供了基本墙、幕墙和叠层墙 3 种不同的墙族。下面使用"基本墙"族创建项目。

7.1　建筑墙体的绘制

7.1.1　绘制墙体

选择"建筑"–"构建"–"墙"。展开的构件类别有"墙:建筑""墙:结构""面墙""墙:饰条""墙:分隔缝"5 种类型,如图 7.1.1 所示。

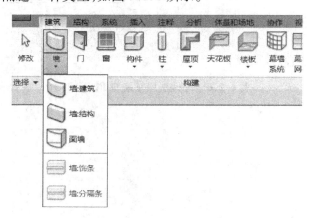

图 7.1.1　墙菜单

单击"墙:建筑"后,可在类型选择器中选择"墙"的类型,如图 7.1.2 所示。若在默认类型中没有所需墙,这时需单击"编辑类型",就会弹出类型属性界面,单击"复制",创建新的墙体类型。

图 7.1.2 墙类型属性信息

墙体的信息包括水平面中的位置信息和高度信息。在"修改|放置墙"选项栏上可对墙高度、定位线、偏移值、墙链、半径进行设置。在绘制面板中选择直线、矩形、多边形、弧形等绘制方法进行墙体绘制。这样完成墙体平面信息的输入,如图 7.1.3 所示。

图 7.1.3 墙布置参数

高度信息包含墙顶标高和墙底标高。在"高度"下拉菜单中有"高度"和"深度"两个选项。建议选择"高度",当前标高为墙体底部标高,墙体顶部标高的设置可选取"未连接",并填写所需高度,也可选取当前标高以上的某一标高。如选择"深度",是表示墙体的顶标高为当前标高。

墙体在厚度方向有多层材料,如保温层、抹灰、饰面等,因此有多个参考线。这些参考线与绘制的墙线的关系通过"定位线"来确定。"定位线"选项的含义如图 7.1.4 所示。

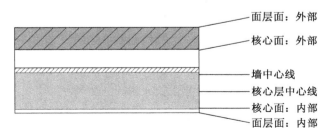

图 7.1.4 定位线

"链"勾选后,所绘制的墙体可连续输入(按折线输入);不勾选,则墙体为一段一段绘制(按线输入)。

"偏移量"输入相应数值后,绘制墙体以定位线为基准向内或向外偏移。

"半径"勾选后,输入相应数值后,墙体端头转角会成按输入的半径倒角。

在视图中选取两点,直接绘制墙体。

注意:绘制墙体时,注意外墙面在从第一点向第二点方向看的左手边;如若画反,可选中对应墙体,单击空格键或↑↓翻转符号进行翻转内外墙面的操作。

7.1.2 修改墙体

(1)输入平面尺寸

点选已绘墙体,可以使用尺寸驱动、鼠标拖动控制点等方式修改墙体位置、长度等信息,如图7.1.5所示。激活"修改|墙"选项卡,以及"属性"对话框,可以修改墙的其他参数,包括设置墙体定位线、高度、基面顶面的位置及偏移、结构用途等。

图 7.1.5　墙体平面位置信息编辑

(2)修改墙体参数

在"属性"对话框中,单击"编辑类型",可以设置不同类型墙的结构、材质及粗略比例填充样式颜色等,如图7.1.6设置墙体填充样式。

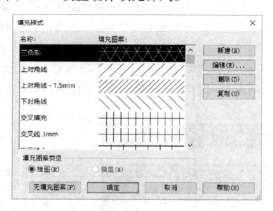

图 7.1.6　墙体填充样式

单击"属性"对话框中"结构"对应的"编辑"按钮,弹出"编辑部件"对话框,如图7.1.7

所示。墙体构造厚度及位置关系可自行定义（单击插入、删除、向上及向下进行设置）。

图 7.1.7　编辑部件

其中，"在插入点"选择"包络"是指当插入门窗时，墙体内外面层的卷边方式。"在结束点"选择"包络"是指在墙体端点处内外面层的卷边方式。

以"在结束点包络"为例。若选择"无"包络，则内外面层停在端点处；若选择"外部"，则外面层包络墙端；若选择"内部"，则内面层包络墙端。如图 7.1.8 所示。

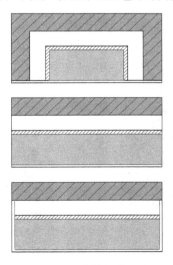

图 7.1.8　墙体包络示图

（3）其他编辑

在"修改|墙"上下文关联选项卡中，可对墙体进行移动、复制、旋转、阵列、镜像、对齐、拆分、修剪、偏移等常规编辑命令。

（4）编辑立面轮廓

在平面图中，激活"修改|墙"选项卡，单击"模式"面板的"编辑轮廓"按钮，弹出"转

到视图"对话框,或者在某个可以看到该墙体立面的视图内双击墙体。任意选择一个立面后,进入相应立面的绘制轮廓草图编辑模式。使用"直线"等绘制工具绘制封闭轮廓,单击"完成绘制"按钮,可生成封闭轮廓形状的墙体,如图 7.1.9 所示。

图 7.1.9　墙体立面轮廓编辑

如想一次性还原原始形状,则点击"重设轮廓"即可。

（5）附着/分离顶底部

选择墙体,激活"修改|墙"选项卡,单击"修改"面板的"附着顶部/底部"按钮后,再拾取需要附着的屋顶、天花板、楼板或参照平面。此时墙体形状自动发生变化,连接到屋顶、天花板、楼板或参照平面上。单击"分离顶部/底部"可将墙从上述平面上分离,恢复到墙体原始形状,如图 7.1.10 所示。

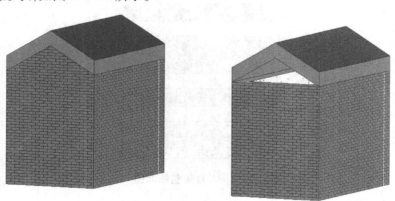

图 7.1.10　墙体附着效果示意图

（6）复合墙

复合墙是指在一面墙中不同高度下有几种材质。设置方法如下:

从类型选择器中选择墙的类型,单击"编辑类型"复制创建一个新的墙体类型,再单击"结构"对应的"编辑"按钮,弹出"编辑部件"对话框,如图 7.1.11 所示。

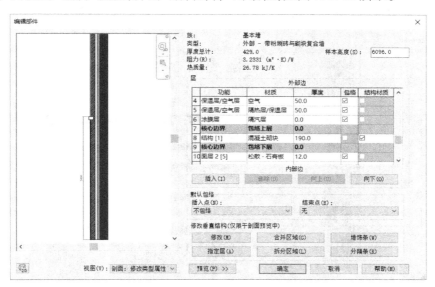

图 7.1.11　复合墙设置界面

单击"插入"按钮,添加一个构造层,并为其指定功能、材质、厚度,使用"向上"或"向下"按钮调整其里外位置。

单击"修改垂直结构"面板中的"拆分区域"按钮。在左侧剖面图上,将所选构造层拆分为上、下多个部分,可用"修改"命令修改尺寸及调整拆分边界位置,原始构造层厚度值变为"可变",如图 7.1.12 所示。

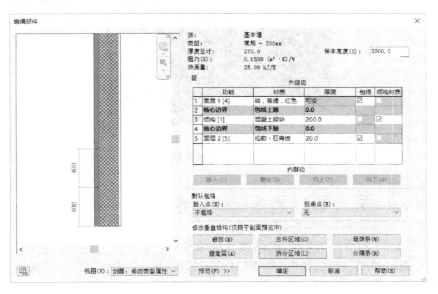

图 7.1.12　复合墙的某一层拆分成上、下多个部分

单击"插入"按钮,增加所需个数的构造层,设置其材质。厚度为 0。

单击选择一个新加构造层,单击"修改垂直结构"面板中的"指定层"按钮,在左侧墙体剖面预览框中选择上步操作拆分的某个部分,指定给该图层,如图 7.1.13 所示。

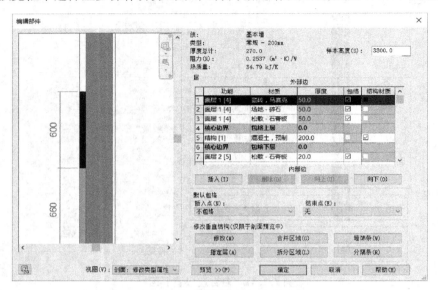

图 7.1.13　设置局部墙体材质

用同样操作对所有图层设置即可实现一面墙在不同高度有多种材质的需求,如图 7.1.14所示。

图 7.1.14　复合墙体示意图

（7）叠层墙

叠层墙是指由若干个不同子墙(基本墙类型)相互堆叠在一起组成的墙体,可以在不同的高度定义不同的墙厚、复合层和材质。

从"类型属性"对话框的"族"中选择叠层墙类型,例如"叠层墙:外部—砌块勒脚砖墙"。单击"编辑类型"按钮,弹出"类型属性"对话框,单击"结构"对应的"编辑"按钮,弹出"编辑部件"对话框,如图 7.1.15 所示。

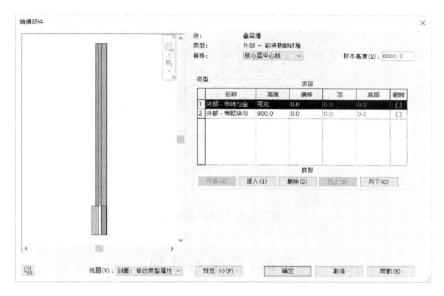

图 7.1.15 叠层墙的设置

"偏移"设置子墙以何种定位线位置放置。

在"类型"面板中,可以选择子墙的类型,设置子墙的高度,其中一段高度必须为"可变",可插入、删除相应子墙,通过"向上"或"向下"操作调整。布置好的叠层墙如图 7.1.16 所示。

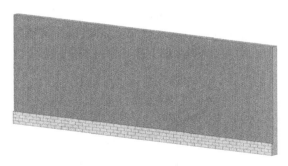

图 7.1.16 叠层墙体示意图

7.1.3 放置墙饰条、分格缝

在已经绘制墙体的的情况下,单击"建筑"选项卡中"墙"下拉菜单的"墙:饰条",可在三维视图或立面视图中为墙添加装饰条,也可在"放置"面板选择"水平"或"垂直"放置墙饰条。将光标移动到墙上以高亮显示墙饰条位置、单击放置墙饰条。如图 7.1.17 所示。

同理,分格缝放置方法与墙饰条类似,这里不再赘述。

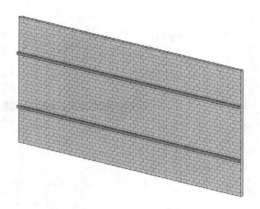

图 7.1.17　墙饰条放置

7.2　幕墙的绘制

7.2.1　幕墙简介

在 Revit 中,幕墙由"幕墙嵌板""幕墙网格"和"幕墙竖梃"三部分组成,如图 7.2.1 所示。幕墙嵌板是构成幕墙的基本单元,幕墙是由一块或多块幕墙嵌板组成的。幕墙嵌板的大小、数量由划分幕墙的幕墙网格决定。幕墙竖梃即幕墙龙骨,是沿幕墙网格生成的线型构件。当删除幕墙网格时,依赖于该网络的竖梃也将同时被删除。在 Revit 中,可以手动或通过设置参数指定幕墙网络的划分方式和数量。幕墙嵌板可以替换为任意形式的基本墙或叠层墙类型,也可以替换为自定义的幕墙嵌板族。本节主要介绍幕墙的创建和定义。

图 7.2.1　幕墙

7.2.2　添加幕墙

幕墙的绘制过程、参数定义与"基本墙"的绘制和定义类似。有了前面的幕墙基础概念,下面就可以进行添加幕墙的操作。

选择"建筑"-"构建"-"墙",选择墙类型为"幕墙:幕墙",确认绘制方式为直线。设置选项栏中的"高度"为F2,勾选"链"选项,设置"偏移量"为0。注意:对于幕墙来说,不允许用户设置"定位线"。

绘制过程与普通墙绘制类似,这里不再赘述。

7.2.3　幕墙的设置

选中所有幕墙,打开幕墙"类型属性"对话框,复制建立新幕墙类型。如图7.2.2所示,在"垂直网格样式"参数分组中设置"布局"方式为"固定距离",这里输入的数值即在垂直方向上按该数值的间距放置网格;在"水平网格样式"参数分组中设置"布局"方式为"固定距离",这里输入的数值即在垂直方向上按该数值的间距放置网格。单击"确定"按钮,退出"类型属性"对话框。

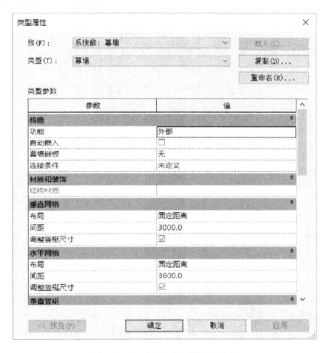

图7.2.2　幕墙类型属性设置

如图7.2.3所示,Revit自动根据设置条件为幕墙划分网格,使用"固定距离"的分割方式后,需注意会出现分布不均匀的情况。

如图7.2.4所示,移动鼠标标高至幕墙垂直幕墙网格,循环按Tab键直到幕墙网格高亮显示时,单击选择幕墙网格。由于该幕墙网格是根据类型属性参数设置的"垂直方向间距"生成的,幕墙旁出现锁定标记。单击该标记符号使之解锁,并在所选幕墙网格两侧给出临时尺寸标注。修改尺寸标注,使幕墙网格居于墙中心,即可完成绘制。

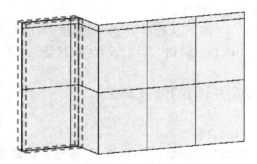

图 7.2.3 为幕墙划分网格

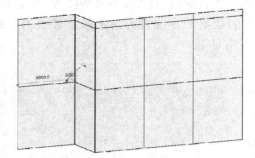

图 7.2.4 修改幕墙网格尺寸

第8章 柱、梁及结构构件

Revit 不仅可以用作设计阶段的建模,也适用于施工阶段的建模。这里介绍一下关于结构方面的构件的绘制。

8.1 绘制结构柱

8.1.1 创建结构视图

单击"视图"-"创建"-"平面视图"下拉菜单中的"结构平面"命令,在弹出的"新建结构平面"对话框中,选择所需要的结构标高,单击"确定"按钮,在"项目浏览器"-"视图"-"结构平面"会出现新建的结构平面。

8.1.2 载入柱族

单击如图 8.1.1 中的"插入"-"载入族",这时会弹出如图 8.1.2 所示的"载入族"对话框,选择所需的柱族载入。

另一种方法是直接在创建结构柱过程中载入所需的结构柱族。操作方法为:单击"结构"-"柱",在结构柱"属性"对话框(见图 8.1.3)中,单击"编辑类型",弹出"类型属性"对话框,如图 8.1.4 所示。单击"载入"按钮同样出现如图 8.1.2 所示的对话框。

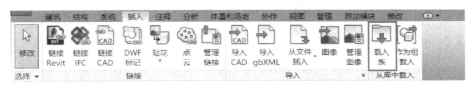

图 8.1.1 "载入族"命令

图 8.1.2　"载入族"对话框

图 8.1.3　结构柱"属性"对话框

图 8.1.4　"类型属性"对话框

8.1.3　设置柱属性

单击"结构"－"柱",在"属性"对话框中,单击"编辑类型"按钮,弹出"类型属性"对话框,如图 8.1.5 所示。在"类型属性"对话框中,单击族的三角下拉菜单,选择所需要的柱族,然后单击"复制"按钮。重命名为"混凝土柱"(这里名称是为了方便管理和修改),单击"确定"按钮,如图 8.1.6 所示。在尺寸标注栏中输入相应的 b,h 尺寸,最后单击"确认"按钮,即可完成柱的属性编辑。

图 8.1.5　"类型属性"对话框

图 8.1.6　结构柱命名

8.1.4　柱的绘制方法

（1）放置垂直柱

单击"修改 | 放置结构柱" – "放置面板" – "垂直柱"命令。放置柱时,使用空格键可以更改柱的放置方向。按空格键时柱会发生旋转以便与选定位置的相交轴网对齐。如果不存在轴网,按空格键会使柱发生 90°旋转。将柱放在轴网交点时,轴网会高亮显示。

在选项栏中指定以下内容,如图 8.1.7 所示。

图 8.1.7　勾选放置后旋转

防止后旋转:勾选后可以在放置后立即将其旋转。

标高:(仅限在三维视图中)为柱的底部选择标高。

深度:此设置从柱的底部向下绘制。

高度:此设置从柱的底部向上绘制。

标高/未连接:在设置柱的另一端的标高时,可以选择已定义的结构标高(如 F1,F2)或选择"未连接",然后选择柱的高度。

（2）放置斜柱

单击"修改 | 放置结构柱" – "放置面板" – "斜柱"命令,如图 8.1.8 所示。

在平面视图中输入柱两端的坐标放置倾斜柱,后在选项栏选择"第一次单击"柱起点标高、标高偏移值和"第二次单击"柱的终点标高、终点偏移值,即可完成绘制。

图 8.1.8　放置斜柱命令

8.2　绘制梁

与柱的输入类似,程序自加载了一些混凝土梁和钢梁。如果工程需要的梁类别超出了自加载的族的范围,可以通过"梁族载入"来添加类别,否则也可以跳过该操作。

8.2.1　载入梁族

单击图 8.2.1 中的"插入"-"载入族",这时会弹出如图 8.2.2 所示的"载入族"对话框,选择所需的梁族载入。

图 8.2.1　载入族命令

图 8.2.2　载入族对话框

另一种方法为直接在创建结构柱过程中载入所需的结构梁族。

操作方法为:单击"结构"-"梁",在梁"属性"对话框(见图 8.2.3)中,单击"编辑类型",弹出"类型属性"对话框,如图 8.2.4 所示。单击"载入"按钮同样出现如图 8.2.2 所示的对话框。

图 8.2.3　梁属性对话框

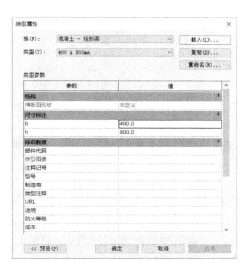

图 8.2.4　类型属性对话框

8.2.2　设置梁属性

单击"结构"–"梁"命令。在实例属性对话框中单击"编辑类型"按钮,在弹出的"类型属性"对话框中,单击"复制"创建新的梁构件,修改其尺寸,如图 8.2.5 所示。

图 8.2.5　梁命名

8.2.3　梁绘制方法

用户可以在平面视图中通过单击起点和终点绘制梁,也可以在"绘图"面板中选择所绘梁的几何图形形状,如图 8.2.6 所示。通过勾选如图 8.2.7 中的"三维捕捉",可以在

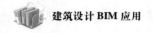
三维视图中画梁;如果不勾选"三维捕捉",就不能在三维视图中绘制梁。

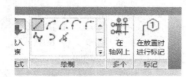

图 8.2.6　梁绘制命令

图 8.2.7　放置梁命令条

当勾选"链"选项时,Revit 将实现上一根梁的终点作为下一根梁的起点的不间断连续绘制方式。

注意:在放置结构梁之前或之后,可修改其结构用途,结构用途参数可以包括在结构框架明细表中,这样可以快速地统计大梁、托梁、檩条、水平支撑的数量。

8.2.4　修改梁

梁的编辑是对已画好的梁进行信息修改。首先在视图中选择所要修改的梁图元,然后在"属性"对话框中选择要编辑的内容(起点、终点标高偏移值等),如图 8.2.8 所示。

图 8.2.8　梁属性信息

8.2.5　创建梁系统

结构"梁系统"是创建一组平行放置的梁。

创建结构梁系统的步骤是:单击"结构"–"结构"–"梁系统",如图 8.2.9 所示。

首先绘制梁系统的边界,选择绘制面板中的"边界线"命令,如图 8.2.10 所示。然后指定梁系统中结构梁的方向。最后点"√"完成输入。

注意:可以对梁系统中的单个梁构件进行属性编辑。

图 8.2.9 梁系统命令

图 8.2.10 梁系统绘制命令

8.3 绘制基础

Revit 提供了 3 种基础形式,分别是条形基础、独立基础和基础底板,用于生成建筑不同类型的基础。由于在建筑设计中,建筑师一般不会考虑基础模型和基础设计,因此在这里只作简单介绍。

条形基础的用法类似于墙饰条,用于沿墙底部生成带状基础模型。单击选择墙即可在墙底部添加指定类型的条形基础,如图 8.3.1 所示。可以分别在条形基础类型参数中调节条形基础的坡脚长度、根部长度、基础厚度等参数,以生成不同形式的条形基础。与墙饰条不同的是,条形基础属于系统族,无法为其指定轮廓,且条形基础具备诸多计算属性,而墙饰条则无法参与结构承载力的计算。

独立基础是将自定义的基础族放置在项目中,并作为基础参与结构计算。使用"公制结构基础,rte"族样板可以自定义任意形式的结构基础。基础底板可以用于创建建筑阀板基础,其用法与楼板完全一致(楼板绘制方法将在后面的章节中讲解)。

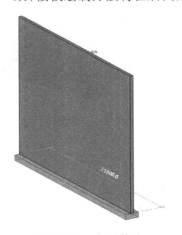

图 8.3.1 条形基础

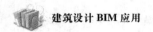

第9章　洞口及其他构件

9.1　洞口的绘制

Revit 提供五种"洞口"样式来方便建筑师创建洞口,例如面洞口、垂直洞口、虎窗洞口等。

9.1.1　创建面洞口

在"建筑"选项卡的"洞口"面板中单击"按面"命令,拾取屋顶、楼板、天花板的某一面,进入草图绘制模式,绘制洞口形状,于该面进行垂直剪切,单击"完成编辑模式"完成洞口创建,如图 9.1.1 所示。

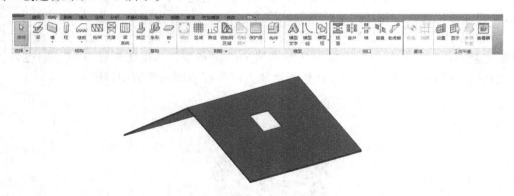

图 9.1.1　面洞口

9.1.2　创建竖井洞口

在"建筑"选项卡的"洞口"面板中单击"竖井"命令,进入草图绘制轮廓模式,在"属性"选项中设置顶底偏移值及洞口的裁切高度(见图 9.1.2),也可以在绘制完成后在立面或三维视图中选中竖井洞口,利用上、下箭头调节洞口裁切高度(见图 9.1.3),然后在平面视图下绘制洞口形状,完成洞口的创建,如图 9.1.4 所示。

图 9.1.2　竖井洞口设置

图 9.1.3　竖井洞口生成

图 9.1.4　竖井洞口效果

9.1.3　创建墙洞口

在"建筑"选项卡的"洞口"面板中单击"墙"命令,可以在直墙或曲面墙中剪切一个矩形洞口,完成洞口的创建,如图 9.1.5 所示。

注意:这里的墙洞口命令只能绘制矩形形状,若想绘制异形洞口,参见第 5 章编辑墙体章节。

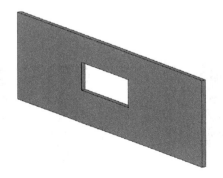

图 9.1.5　墙洞口

9.1.4　创建垂直洞口

在"建筑"选项卡的"洞口"面板中单击"垂直"命令,拾取屋顶、楼板或天花板,进入草图绘制模式,绘制洞口形状,单击"完成编辑模式"完成洞口的创建。垂直洞口和面洞口的区别在于垂直洞口的侧壁是垂直于水平面的,而面洞口的侧壁是垂直于所属面的,如图 9.1.6 所示。

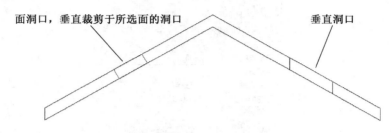

面洞口,垂直裁剪于所选面的洞口　　　　　垂直洞口

图 9.1.6　垂直洞口与面洞口的区别

9.1.5　创建老虎窗洞口

在坡面屋顶上创建老虎窗所需的三面墙体,设置好墙体的偏移值,如图 9.1.7 所示。再创建老虎窗上的双坡屋顶,如图 9.1.8 所示。

图 9.1.7　设置墙体偏移值　　　　　图 9.1.8　创建老虎窗上的双坡屋顶

将墙体与老虎窗屋顶进行附着处理,如图 9.1.9 所示。

单击"修改"选项卡"几何图形"面板上的"连接/取消连接屋顶"按钮,单击双坡屋顶端点处需连接的一条边,再在坡面屋顶上选择要连接的面,将老虎窗屋顶与主屋顶进行"连接屋顶"处理,如图 9.1.10 所示。

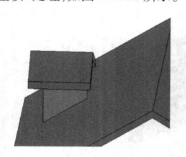
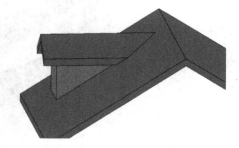

图 9.1.9　附着处理　　　　　图 9.1.10　连接屋顶

在"建筑"选项卡的"洞口"面板中单击"老虎窗"命令,拾取主坡面屋顶,进入"拾取边界"模式,选择老虎窗屋顶底面、墙的内侧面等有效边界,修剪边界线条(见图 9.1.11),完成边界剪切洞口,如图 9.1.12所示。

最后将墙体与主屋顶进行底部附着,完成整个老虎窗洞口的绘制,如图 9.1.13 所示。

图 9.1.11　修剪边界线条

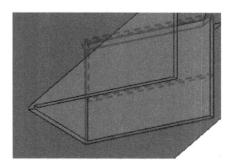

图 9.1.12　完成边界剪切洞口

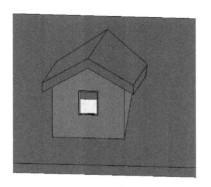

图 9.1.13　完成老虎洞口的绘制

9.2　创建扶手

使用"扶手"工具,可以为项目添加各种样式的扶手。用户可以使用"扶手"工具单独绘制扶手,也可以在绘制楼梯、坡道等主体构件时自动创建扶手。在创建扶手前,需要定义扶手的类型和结构。

9.2.1　创建室外空调扶手

切换至 F1 楼层平面视图。如图 9.2.1 所示,在"建筑"选项卡的"楼梯坡道"面板中单击"栏杆扶手"按钮,进入"创建扶手路径"模式,系统自动切换至"创建扶手路径"上下文关联选项卡。

图 9.2.1　选择"栏杆扶手"

单击"属性"对话框里的"编辑类型"按钮,打开扶手"类型属性"对话框,在类型列表中选择扶手类型为"900 mm"（这里选择的族,是根据实际设计需求选择的）。

单击"类型属性"对话框中"扶手结构"参数后的"编辑"按钮,弹出"编辑扶手"对话框。如图9.2.2所示,单击"复制"按钮复制该行,重命名该行名称为"扶手1（这里名称是为了方便建模者查找和使用）";修改高度为"900.0";修改偏移为"0.0";设置第一行扶手轮廓为"矩形扶手:50×50 mm",修改所有扶手材质为"不锈钢",该材质位于"材质"对话框的"金属"材质类型中。设置完成后,单击"确定"按钮,返回"类型属性"对话框。

图9.2.2 "编辑扶手"对话框

在"类型属性"对话框中单击"栏杆位置"参数后的"编辑"按钮,弹出"编辑栏杆位置"对话框。如图9.2.3所示,在"常规栏杆"的"栏杆族"列表中选择"无",即不在扶手中添加栏杆;设置底部"支柱"列表中的"起点支柱""转角支柱""终点支柱"的"栏杆族"均为"无",即不在这些位置放置栏杆,其他参数参照图中所示进行设置。

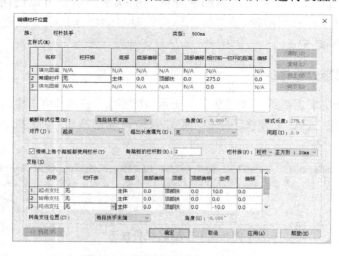

图9.2.3 "编辑栏杆位置"对话框

设置完成后,单击"确定"按钮,返回"类型属性"对话框,修改"栏杆偏移"值为"0.0",如图 9.2.4 所示,单击"确定"按钮,返回"实例属性"对话框。

确认"基准标高"为 F1,"底部偏移"值为"0.0",即该扶手底部位于 F1 标高上。

图 9.2.4　"类型属性"对话框

单击"确定"按钮,退出"实例属性"对话框。单击"绘制"面板中的"直线"按钮,设置选项栏中的"偏移值"为"0.0"。适当放大 F1 楼层平面视图任意 C1 窗的安装位置。如图 9.2.5 所示,在办公楼任意室外楼板位置(安装 C1 窗位置)距轴线 400 mm 处绘制路径直线,使用"修剪/延伸单一图元"编辑工具,延伸扶手路径直线端点至两侧墙核心表面。

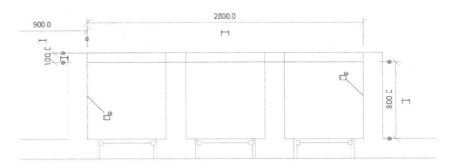

图 9.2.5　绘制路径直线

单击"完成扶手"按钮,完成扶手的绘制,Revit 将按绘制的路径位置生成扶手。切换至三维视图,该扶手如图 9.2.6 所示。使用相同的方式,在一层其他 C1 窗位置放置扶手。

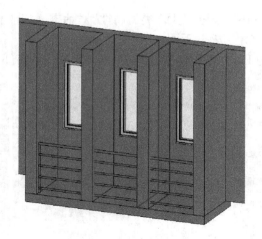

图 9.2.6　扶手的三维视图

选择任意扶手,单击鼠标右键,在弹出的快捷菜单中选择"选择全部实例"选项,将 F1 标高所有扶手复制至剪切板,并对齐粘贴至 F2 和 F3 标高。

9.2.2　关于扶手的说明

Revit 中的扶手是由"扶手结构"和"栏杆"两部分构成的,可以分别指定扶手各部分使用的族类型,从而灵活定义各种形式的扶手。

"扶手结构"是由一系列在"编辑扶手"对话框中定义的轮廓族沿扶手路径放样生成的带状结构。栏杆是指在"编辑栏杆位置"对话框中,由用户指定的轮廓族沿扶手路径阵列分布,并在扶手的起点、终点及转角点处放置指定的主要栏杆样式族,其结构如图 9.2.7 所示。

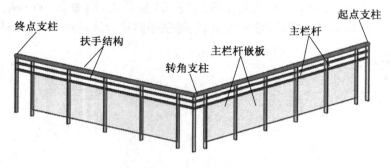

图 9.2.7　扶手结构

如图 9.2.8 所示,在定义"扶手结构"的"编辑扶手"对话框中,可以指定各扶手结构的名称、距离"基准"的高度、采用的轮廓族类型及各扶手的材质。单击"插入"按钮,可以添加新的扶手结构。虽然可以使用"向上"或"向下"按钮修改扶手的结构顺序,但扶手的高度由"编辑扶手"对话框中高度最高的扶手决定。

使用图 9.2.8 所示"编辑扶手"对话框中的参数定义扶手剖面视图,注意最终生成的扶手的结构高度与"编辑扶手"对话框中定义的高度相同。在图 9.2.8 中,垂直参照平面表示绘制扶手时,扶手中心线的位置。在"编辑扶手"对话框中,"偏移"参数用来指定扶手轮廓基点偏离该中心线左、右的距离。

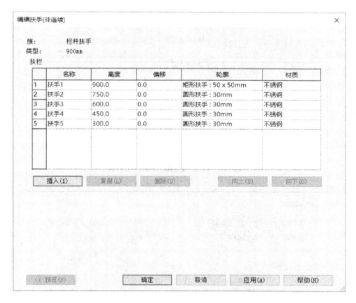

图 9.2.8 "编辑扶手"对话框

注意:Revit Architecture 扶手的剖面不会显示中心线。

9.3 创建主体放样构件

Revit 提供了基于主体的放样构件,用于沿所选择主体或其边缘按指定轮廓放样生成实体。可以生成放样的主体对象有墙、楼板和屋顶,对应生成的构件名称分别为墙饰条和分隔缝、楼板边缘、封檐带和檐沟,分别对应于"常用"选项卡"创建"面板的墙、楼板及屋顶下拉列表中。灵活运用这些构件,可以快速创建各类带状模型,如室外台阶。在第 5 章介绍"复合墙"时,使用墙"编辑部件"对话框中的"墙饰条"和"分隔缝"按钮,可以创建带有墙饰条和分隔缝的垂直复合墙,也可以使用墙饰条及分隔缝工具,手动添加这些构件。

为项目添加天花板、楼梯间洞口后,需要处理楼板下方的梁。事实上,梁构建可以使用 Revit 提供的梁结构构件创建生成,或直接通过连接结构专业梁柱体系模型,生成完整 BIM 模型。本书为简化建筑专业操作,将直接使用主体放样构件的方式创建幕墙及洞口处楼板底部边梁。

使用"楼板边梁"构件可以沿所选择的楼板边缘按指定的轮廓创建带状模型。下面继续为项目添加楼梯间楼板底边梁。

在"常用"选项卡的"构件"面板中单击"楼板"下拉按钮,在下拉按钮中选择"楼板边缘"选项,如图 9.3.1 所示。进入放置楼板边缘状态,并自动切换至"放置楼板边缘"上下文关联选项卡。

图 9.3.1　"楼板边缘"选项

图 9.3.2　"类型属性"对话框

　　打开"类型属性"对话框,复制并新建名称为"楼板边缘"的新楼板边缘类型。如图 9.3.2 所示,设置类型参数列表中的"轮廓"为"楼板边缘 – 加厚:600×300 mm";修改"材质"为"混凝土,预制嵌板",该材质位于"材质"对话框的"混凝土"材质中。设置完成后,单击"确定"按钮,退出"类型属性"对话框。

　　注意:采用与轮廓相同的名称作为楼板边缘的类型名称,大大方便对模型构件的管理。

　　如图 9.3.3 所示,移动鼠标光标至楼梯间洞口边缘楼板边缘位置,将高亮显示楼板边缘轮廓,单击拾取该边缘。在"放置楼板边缘"选项卡的"轮廓"面板中单击"完成当前"按钮,沿所拾取楼板边缘作为路径生成放样实体。按两次 ESC 键退出放置楼板边缘状态。

图 9.3.3　拾取楼板边缘

切换至 F3 楼层平面视图,重复上一步操作,按相同的方式生成楼板边缘。添加楼板边缘后,楼梯间位置模型如图 9.3.4 所示。

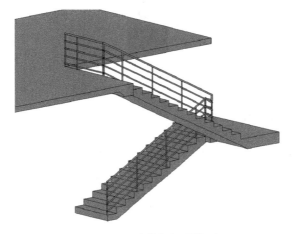

图 9.3.4　楼梯间位置模型

切换至 F2 楼层平面视图,同理完成其他楼梯间楼板边缘的绘制。

9.4　添加坡道和雨棚

9.4.1　添加坡道

Revit 提供了"坡道"工具,可以为项目添加坡道。下面使用"坡道"工具创建入口处室外坡道。

切换到 F0 楼层平面视图。在"建筑"选项卡的"楼梯坡道"面板中单击"坡道"工具,进入"创建坡道草图"状态,自动切换至"创建坡道草图"上下文关联选项卡。

单击"属性"面板中的"类型属性"按钮,打开"类型属性"对话框,复制并新建名称为"室外坡道"的新坡道类型。如图 9.4.1 所示,修改类型参数中的"功能"为"外部";修改"坡道材质"为"混凝土";确认"坡道最大坡度(1/x)"为 12.0,即坡道最大坡度为 1/12;修改"造型"方式为"实体",其余参数参照图 9.4.1 中设定。完成后单击"确定"按钮。

图 9.4.1 "类型属性"对话框

修改实例参数"底部标高"为"F0","底部偏移"为"0.0";"顶部标高"为"F1",顶部偏移值为"-20.0",即该坡道由室外地坪上升至室外台阶顶部标高;修改"宽度"为"2000.0",其余设置参照图 9.4.2 中所示。单击"工具"面板中的"扶手类型"按钮,在弹出的"扶手类型"对话框中,选择扶手类型为"900 mm 圆管"。完成后单击"确定"按钮,退出对话框。

图 9.4.2 坡道参数设置

使用"绘制参照平面"工具,绘制参照平面。

在"创建坡道草图"上下文关联选项卡的"绘制"面板中单击绘制模式为"梯段",绘制方式为"直线"。

如图 9.4.3 所示完成绘制,注意这里绘制的方向即为坡道上升的方向。因为这里方便作图反方向绘制坡道,现在框选全部梯段,系统自动切换至"选择多个"上下文关联选项卡,单击"修改"面板中的"旋转"工具。取消勾选选项栏中的"任何"选项。

Revit 默认将以梯段的几何中心为旋转基点,先选取任意一点作为旋转参照基线。移动光标直至旋转 180°完成操作。

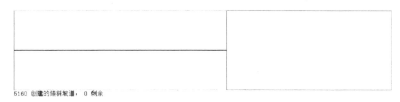

5160 创建的倾斜坡道, 0 剩余

图 9.4.3 完成绘制

9.4.2 添加雨篷

合理设置和使用楼板、楼板边缘等工具,可以为项目添加雨篷,也可以采用再入外部族的形式,在项目中添加雨篷构件。下面介绍如何用楼板绘制雨篷。

使用"楼板"工具,进入"创建楼板边界"模式。在类型列表选择当前楼板类型为"常规 – 150 mm – 实心";打开"类型属性"对话框,复制并新建名称为"室外雨篷"的新类型;修改实例参数"基准标高"为"F2","相对标高偏移"为"0.0",即将楼板放置在 F2 标高。设置完成后单击"确定"按钮,完成设置。

如图 9.4.4 所示绘制楼板轮廓边界线。绘制完成后单击"完成楼板"按钮,生成雨篷楼板。当询问是否将高亮显示墙附着至楼板底时,单击"否"按钮。切换至三维视图,生成的雨篷如图 9.4.4 所示。

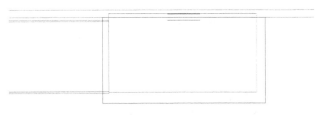

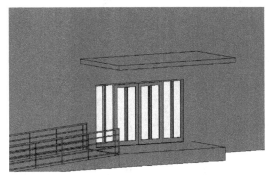

图 9.4.4 雨篷楼板三维视图

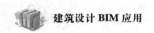
第 10 章　场地及其他构件

使用 Revit Architecture 提供的场地工具,可以为项目创建场地三维地形模型、场地红线、建筑地坪等构件,完成场地设计。还可以在场地中添加植物、停车场等场地构件以丰富场地表现。

10.1　添加地形表面

地形表面是场地设计的的基础。使用"地形表面"工具,可以为项目创建地形表面模型。Revit 提供了两种创建地形表面的方式:放置高程点和导入测量文件。放置高程点的方式允许用户手动添加地形点并指定点高程。Revit 将根据已指定的高程点,生成三维地形表现。由于这种方式必须手动绘制地形中每一个高程点,因此适合用于创建简单的地形模型。导入测量文件的方式允许用户导入 DWG 文件或测量数据文本,Revit 自动根据测量数据,生成真实场地的地形表面。

10.1.1　通过放置点生成地形表面

下面将使用放置点方式为综合楼项目创建简单的地形表面模型。

切换至"场地"楼层平面视图。如图 10.1.1 所示,在"体量和场地"选项卡的"场地建模"面板中单击"地形表面"工具,系统自动切换至"编辑表面"上下关联选项卡。

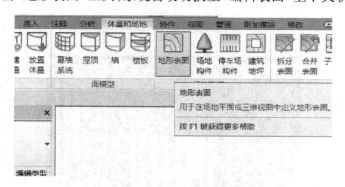

图 10.1.1　地形表面

提示:"场地"楼层平面视图实际上是以 F1 标高为基础,将剖切位置提高到 10 000 m 得到的视图。

如图 10.1.2 所示，单击"工具"面板中的"放置点"工具：设置选项栏中的高程值为"－600"，高程形式为"绝对高程"，即将要放置的点高程的绝对标高为 －0.6 m。

按图 10.1.3 所示位置，在项目四周单击鼠标左键，放置高程点。Revit 将在地形点范围内创建标高为 －600 的地形表面。

图 10.1.2　设置点

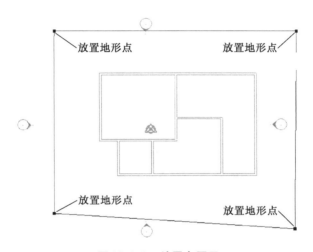

图 10.1.3　放置点图示

单击"图元"面板中的"表面属性"工具，打开地形表面"属性"对话框，修改"材质"为"场地－草"。该材质位于"材质"对话框的"植物"材质类中。设置完成后单击"确定"按钮，退出"属性"对话框。

单击"表面"面板中的"完成表面"按钮，Revit 将按指定高程生成地形表面模型。由于本例中为地形表面创建了 4 个相同高程的地形点，因此将生成水平地形表面。

使用"放置点"方式创建地形表面的操作比较简单，适合用于创建较为简单的场地地形表面。如果场地地形较为复杂，使用"放置点"方式将显得较为繁琐。Revit 还提供了导入测量数据的方式创建地形表面模型。

10.1.2　通过导入数据创建地形表面

Revit 支持两种形式的测绘数据文件：DWG 等高线数据文件和高程点文件。通过下面的练习说明这两种方式创建地形表面模型的方法。

切换至"场地"楼层平面视图。如图 10.1.4 所示，在"插入"选项卡的"导入"面板中单击"导入 CAD"按钮，打开"导入 CAD 格式"对话框。选择 DWG 格式的地形文件，设置对话框底部的"导入单位"为"米"，设置"定位"方式为"自动－原点到原点"，设置"放置

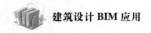

于"选项为"标高1",单击"打开"按钮导入 DWG 文件,如图 10.1.5 所示。

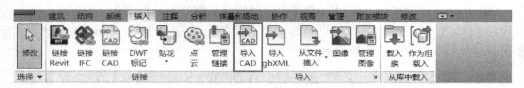

图 10.1.4　导入 CAD

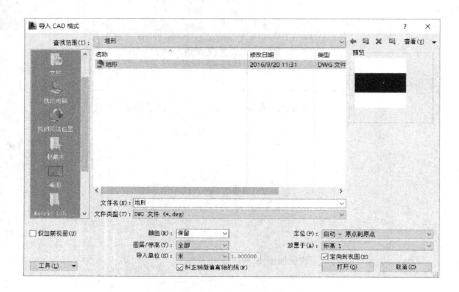

图 10.1.5　设置"导入单位"

提示:文件是 AutoCAD 创建的数据文件格式。AutoCAD 是目前应用最普遍的 CAD 绘图工具。

单击"地形表面"工具,进入地形表面编辑状态,系统自动切换至"编辑表面"上下文关联选项卡。如图 10.1.6 所示,单击"工具"面板中的"通过导入创建"下拉按钮,在弹出的列表中选择"选择导入实例"选项。

图 10.1.6　"选择导入实例"选项

单击拾取视图中已导入的 DWG 文件夹,弹出"从所选图层添加点"对话框。该对话框显示了所选择 DWG 文件中包含的所有图层。勾选"主等高线"和"次等高线"图层,单击"确定"按钮,退出"从所选图层添加点"对话框。Revit 将分析所选图层中三维等高线数据并沿等高线自动生成一系列高程点。

提示:DWG 文件中的等高线实际上是在 AutoCAD 中绘制的多线段。导入 DWG 文件中的所有等高线必须带有高程信息,即 Z 值。

自动沿等高线生成的高程点较密,单击"工具面板"中的"简化"工具,弹出"简化表面"对话框,如图 10.1.7所示,输入"表面精度"值为 100;单击"确定"按钮,确认该表面精度,删除多余高程点。

图 10.1.7　简化表面

单击"完成表面"按钮,完成地形表面模型的绘制。

还可以通过导入测量点文件的方式,根据测量点文件中记录的测量点 X,Y,Z 值,创建地形表面模型。通过下面的练习学习使用测量点文件创建地形表面的方法。

单击"工具"面板中的"通过导入创建"下拉按钮,在弹出的列表中选择"指定文件"选项,弹出"打开"对话框。在对话框底部设置"文件类型"为"逗号分隔文本",选择要输入的高程文本 .txt 文件,单击"打开"按钮,导入该文件,同时弹出"格式"对话框。设置文件中的单位为"米",单击"确定"按钮,继续导入测量点文件。

Revit 将按文本中测量点记录,创建所有测量点。单击"完成表面"按钮,完成地形表面。

导入的点文件必须使用逗号分隔的文件格式(可以是 CSV 或 TXT 文件),且必须以测量点上 X,Y,Z 坐标值作为每一行的第一组数据,点的任何其他数值信息必须显示在 X,Y,Z 坐标值之后。Revit 忽略该点文件中的其他信息(如点名称、编号等)。如果该文件中存在 X 和 Y 坐标值相等的点,Revit 会使用 Z 坐标值最大的点。

10.2　添加建筑地坪

创建地形表面后,可以沿建筑轮廓创建建筑地坪,平整场地表面。在 Revit 中,建筑地坪的使用方法与楼板的使用方法非常类似。下面将为项目添加建筑地坪,学习建筑地坪的使用方法。

切换至 F1 楼层平面视图。在"体量与场地"选项卡的"场地建模"面板中单击"建筑地坪"工具,系统自动切换至"创建建筑地坪边界"上下文关联选项卡,进入"创建建筑地坪边界"编辑状态。

打开"属性"对话框。单击"编辑类型"按钮,打开"类型属性"对话框。单击"重命名"按钮,弹出如

图 10.2.1　"重命名"对话框

图 10.2.1 所示的"重命名"对话框,在"名称"文本框中输入"450 mm – 地坪",单击"确

定"按钮,即可返回"类型属性"对话框,完成修改。

  单击类型参数列表中"结构"参数后的"编辑"按钮,弹出"编辑部件"对话框。如图 10.2.2所示,修改第 2 层"结构[1]"厚度为"450.0";修改材质为"场地 – 碎石",该材质位于"材质"对话框的"其他"参数类中。设置完成后单击"确定"按钮,返回"类型属性"对话框。再次单击"确定"按钮,完成修改。

图 10.2.2　材质的编辑

  修改"实例参数"中的"标高"为 F1,"标高偏移"值为 – 150,即建筑地坪顶面到达 F1标高之下 150 mm,该位置为 F1 楼板底部。设置完成后单击"确定"按钮,退出"属性"对话框,如图 10.2.3 所示。

  确认"绘制"面板中的绘制模式为"边界线",使用"拾取墙"绘制方式;确认选项栏中的"偏移值"为 0,勾选"延伸到墙中(至核心层)"选项。使用与绘制楼板边界类似的方式,沿办公楼和食堂部分外墙内测核心表面拾取,生成建筑地坪轮廓边界线,对于办公楼幕墙部分,则拾取至幕墙内侧边界线位置。使用修剪工具使轮廓线首尾相连。

  完成后单击"建筑地坪"面板中的"完成建筑地坪"按钮,按指定轮廓创建建筑地坪。

  在创建建筑地坪时,可以使用"坡面箭头"工具创建带有坡度的建筑地坪,用于处理坡地建筑地坪。该工具的用法与楼板工具完全相同,请读者自行尝试。

图 10.2.3　参数设置

10.3　创建场地道路

完成地形表面模型后,可以使用"子面域"或"拆分表面"工具将地形表面划分为不同的区域,并为各区域指定不同的材质,从而完成更为丰富的场地设计。使用"子面域"或"拆分表面"工具,可以在场地内划分场地道路、场地景观等场地区域。下面使用"子面域"工具为综合楼项目添加场地道路。

接 10.2 节练习。切换至"场地"楼层平面视图。如图 10.3.1 所示,在"体量和场地"选项卡的"修改场地"面板中单击"子面域"工具,系统自动切换至"创建子面域边界"上下文关联选项卡,进入"创建子面域边界"状态。

图 10.3.1　子面域

使用绘制工具,绘制子面域边界,配合使用拆分及修剪工具,使子面域边界轮廓首尾相连。注意图中所标注的尺寸单位均为米。

提示:图中相切过度圆弧可以使用"圆角弧"工具绘制。子面域的边界轮廓线不能超出地形表面边界。

单击"图元"面板中的"子面域属性"按钮,打开子面域"属性"对话框。修改"材质"为"沥青,人行道",该材质位于"材质"对话框的"沥青"材质类中,如图 10.3.2 所示。设置完成后,单击"确定"按钮,退出"属性"对话框。

图 10.3.2 子面域参数设置

单击"完成子面域"按钮,完成子面域的绘制。切换至三维视图,完成绘制后的场地如图 10.3.3 所示。

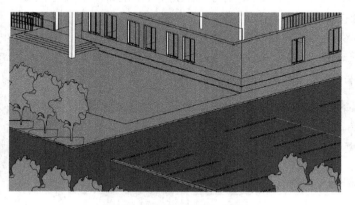

图 10.3.3 子面域完成图

选择子面域对象,在"修改地形"上下文关联选项卡的"子面域"面板中单击"编辑界面"按钮,可以返回子面域边界轮廓编辑状态。Revit 的场地对象不支持表面填充图案,因此即使用户定义了材质表面填充图案,也无法显示在地形表面及子面域中。

"拆分表面"工具与"子面域"工具类似,都可以将地形表面划分为独立的区域。两者不同之处在于,"子面域"工具将局部复制为原始表面,创建一个新面;而"拆分表面"工具则将地形表面拆分为独立的地形表面。要删除使用"子面域"工具创建的子面域,只需要直接将其删除即可;而要删除使用"拆分表面"工具创建的区域,必须使用"合并表面"工具。

　　对于复杂场地地形表面,如果必须对场地指定区域进行整平才能设计场地,可以使用"平整区域"工具在现有地形表面基础上复制建立与原地形表面模型不在同一"阶段"的地形表面模型,并允许用户重新编辑新建的地形表面高程点高程,从而得到平整后的地形表面模型。使用"平整区域"工具,可以评估和统计场地整平后所带来的土石方量。

　　在使用"平整区域"工具时,必须对原地形表面进行"阶段"划分,使平整区域后的场地模型与原始场地模型不在同一"阶段"内。关于"阶段"的更多信息,这里不作详述,读者可自行了解。

10.4　场地构件与室内构件

　　Revit 提供了"场地构件"工具,可以为场地添加停车场、树木、RPC 等构件。使用"构件"工具,为项目添加更多详细的构件信息,如布置卫生间、添加家具等。这些构件均依赖于项目中载入的构件族,必须先将构件族载入项目中才能使用这些构件。

10.4.1　添加场地构件

　　下面将使用"场地构件"工具,继续为综合楼项目场地添加篮球场、花坛、人物等场地构件模型,进一步丰富、完善场地模型。

　　接 10.3 节练习。切换至"室外地坪"楼层平面图,载入"篮球场.rfa、RPC 女性.rfa、RPC 男性.rfa 和 RPC 灌木.rfa"族文件。

　　切换至"体量和场地"选项卡,单击"场地建模"面板中的"场地构件"工具,进入"场地构件"上下文关联选项卡。

　　确认选项栏中的当前构件类型为"篮球场地:篮球场地",取消勾选选项栏中的"放置后旋转"选项,如图 10.4.1 所示。单击鼠标左键放置篮球场构件。

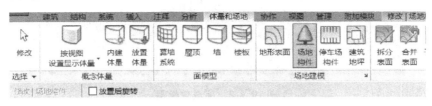

图 10.4.1　场地构件

　　提示:在单击鼠标左键放置构件前,按键盘上的空格键可以按 90°角旋转构件。

　　类似地,灌木也是这样放置的。

　　切换至"室外地坪"楼层平面图。

　　使用"场地构件"工具,在类型列表中选择当前构件类型为"RPC 灌木:杜松 - 0.92米"。沿花坛方向单击鼠标左键,均匀放置灌木构件。切换至三维视图查看放置后的结果。

切换至"室外地坪"楼层平面视图。继续使用"场地构件"工具,在类型列表中选择"RPC 男性:LaRon",移动鼠标光标至幕墙外楼板上的任意位置,Revit 将预显示该人物族,箭头方向代表人物"正面"方向。按键盘上的空格键以 90°角旋转 LaRon 方向,单击鼠标左键,放置该族。使用相同的方式,不必在意各人物的具体位置和人物类型,在场地任意位置单击鼠标放置 RPC 人物,结果如图 10.4.2 所示。

RPC 族文件为 Revit 中的特殊构件类型。通过指定不同的 RPC 渲染外观,可以得到不同的渲染结果。RPC 族仅在渲染时才会显示真实的对象样式,在三维视图中,仅以简化模型替代。

图 10.4.2　放置人物构件

Revit 提供了"公制场地.rte""公制植物.rte"和"公制 RPC.rte"族样板文件,用于用户自定义各种场地构件。完成后整体效果如图 10.4.3 所示。

图 10.4.3　完成效果图

10.4.2　室内布置

与场地布置方式类似,使用"构件"工具,通过调用适当的族,可以为项目布置室内房间的家具、洁具等。要使用"构件"工具布置房间,必须现将指定的构件族载入项目中。

接 10.4.1 节练习。切换至 F1 楼层平面视图,适当放大视图至 10～9 轴线间卫生间位置。

在"建筑"选项卡的"构建"面板中单击"构件"下拉按钮,在弹出的列表中选择"放置构件"选项,系统自动切换至"放置构件"上下文关联选项卡。在类型列表中选择"桌上式台盆 – 标准"作为当前类型,移动鼠标光标至盥洗室房间,按空格键,将构建旋转至合适位置。当光标捕捉至所示的位置时,单击鼠标左键,放置台式双洗脸盆,如图 10.4.4所示。

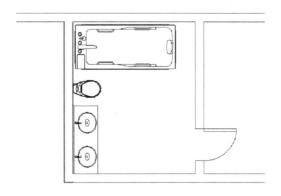

图 10.4.4　放置台式双洗脸盆

使用类似的方式,可以放置一系列的家具,按住并拖动隔断图元尺寸调节符号◀▶,调节各隔断实例的尺寸。

提示:在很多族中定义的各尺寸参数为实例参数,因此允许用户使用调节符号通过拖拽的方式调节尺寸,也可以在"属性"对话框中精确调整各隔断实例的尺寸参数。

继续使用"构件"工具,选择"综合楼:悬挂小便斗"族类型作为当前类型,拾取墙,放置小便斗。

使用完全相同的方式,在 F2 和 F3 标高相同位置布置卫生间洁具,至此完成室内洁具布置练习。

Revit 会将所有载入的非门、窗和结构构件族,包括上一节中使用的"场地构件"族,全部组织在"构件"工具类别中,均可通过"构件"工具放置这些族。

从 2010 版开始,Revit 支持.adsk 格式的文件。它允许将 Revit 的建筑设计模型传递给更为专业的三维总图设计软件 Autodesk Civil 3D,完成更为复杂的三维场地设计、土方计算和出图。单击"应用程序菜单"按钮,在菜单中选择"导出" – "建筑场地"命令即可。在导出建筑场地之前,必须在项目中创建"总建筑面积"平面。

还可以将 Revit Architecture 中完成的建筑三维模型轮廓导出至 AutoCAD 中,利用AutoCAD 软件以二维的方式完成总图布置,以便更高效地完成建筑总图的设计。

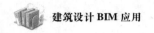

第 11 章　扶手、楼梯及坡道

在 Revit 2016 中,提供了扶手、楼梯及坡道等工具,利用这些工具,并对它们进行相应的编辑,定义不同的扶手和楼梯类型,可以在项目中生成所需要的各式各样的扶手楼梯。

在 Revit 2016 中,这些编辑方式都分别提供了两种操作方式,如[楼梯(按构件)]、[楼梯(按草图)]等。通过这些操作方式来绘制相应的构件,并使其满足相关国家规范的要求。

11.1　扶　手

11.1.1　扶手的创建

在 Revit 2016 中,选择常用选项栏中的"扶手栏杆"按钮,可以发现"扶手栏杆"有两种绘制方式,即"绘制路径"及"放置在主体上"两个按钮,如图 11.1.1 和图 11.1.2 所示。

图 11.1.1　绘制路径(1)

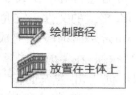

图 11.1.2　绘制路径(2)

"绘制路径"和"放置在主体上"的操作区别在于"绘制路径"更加灵活,使用者可以根据自己的想法和创意来完成扶手的路径绘制,对路径范围及线路并无太大限制,更多地在于使用者的主观意图。而"放置在主体上"则是将路径的选择依赖于所选择的主体。例如想创建一个楼梯的扶手,则选择楼梯为主体,接着它的扶手的路径便会依赖楼梯的边缘自动绘制。这种方式简便、快捷,适合在固定的构建上选择使用。总的来说,这两种方式并无太大区别,更多地是两者交替使用,可以更快地完成绘制。下面将详细介绍两者的绘制方法。

首先,单击"绘制路径",并选择一种绘制方式,如图 11.1.3 所示。

图 11.1.3　绘制方式

红色区域便是可供选择的方式,选择第一种直线方式,并在相应的楼板上绘制,如图 11.1.4 所示。

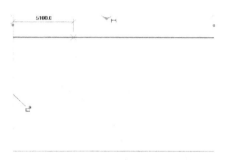

图 11.1.4　绘制扶手草图

绘制完成后点击操作栏中的"√"即可完成编辑,最终效果如图 11.1.5 所示。

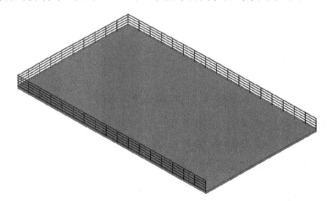

图 11.1.5　扶手效果图

具体的绘制需要根据所需要的形式进行路径编辑。

接下来,单击"放置在主体上"进行编辑,就会见到如图 11.1.6 所示的编辑面板。

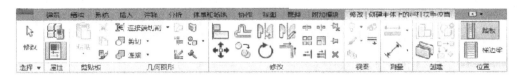

图 11.1.6　放置主体

单击如图 11.1.6 所示的"踏板"并单击楼梯平面选择主体(见图 11.1.7),然后单击"√"完成创建,最终楼梯扶手效果如图 11.1.8 所示。

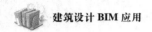

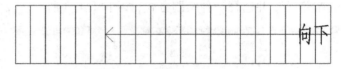

图 11.1.7 扶手绘制完成

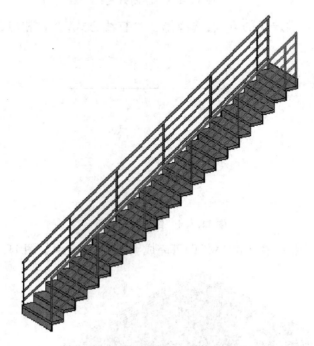

图 11.1.8 楼梯扶手效果图

以上就是楼梯的两种编辑方法。通常用"绘制路径"来绘制平台扶手及楼梯的自定义扶手,用"放置在主体上"来进行楼梯及坡道等主体的编辑。灵活运用这两种编辑方式,可以给我们创建扶手框架提供很大的便利。

11.1.2 扶手的编辑

扶手的轮廓编辑完成后,需要对所绘制的楼梯进行编辑,以便达到所需要的一些要求指标,如扶手的材质、形制、宽距等。这些操作都需要对扶手的属性进行相应的编辑。

进行属性的编辑,首先单击平面或三维视角上的扶手选项,激活它的属性面板(如果属性面板并未激活,可以相应点击"视图"-"用户界面"-"属性"等按钮来完成属性面板的激活)。属性面板如图 11.1.9 所示。然后,单击"编辑类型"进入类型属性面板进行编辑,如图 11.1.10 所示。

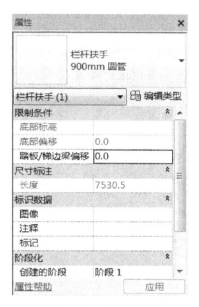

图 11.1.9　扶手属性栏

图 11.1.10　扶手"类型属性"对话框

在属性面板编辑界面中,分别有构造、顶部栏杆、扶手 1、扶手 2、标识数据等几大类,可以根据这几大类里面的不同小类别来完成扶手的相应属性编辑。

　　需要注意的是,选择一种栏杆后,在对它进行编辑时,所编辑的内容会对源文件进行覆盖,因此,为了避免这种情况发生,一般会对所选文件复制重命名后再对其进行编辑。也就是说,单击"复制"后再在命名框里进行命名,单击"确定"完成复制内容,如图 11.1.11 所示。

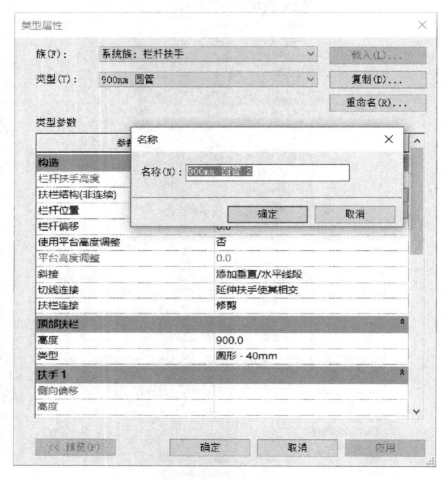

图 11.1.11　复制扶手

　　重新命名了一个扶手后,可以单击扶栏结构的"编辑"来对扶手的高度、结构、插入新扶手、复制现有扶手等进行操作,如图 11.1.12 所示。同时,也可以点击栏杆位置的"编辑"来编辑栏杆的位置、栏杆的主样式、栏杆的支柱等,还可以创建新的扶手样式等,如图 11.1.13 所示。

图 11.1.12 编辑扶手

图 11.1.13 编辑栏杆位置

以上便是扶手的相关创建及属性编辑的操作过程。

11.2 楼 梯

11.2.1 楼梯的认识

楼梯是建筑物中作为楼层间垂直交通用的构件,用于楼层之间和高差较大时的交通联系。在以电梯、自动梯为主要垂直交通手段的多层和高层建筑中也需要设置楼梯。高层建筑尽管采用电梯作为主要垂直交通工具,但仍然要保留楼梯供火灾时逃生之用。楼梯由连续梯级的梯段(又称梯跑)、平台(休息平台)和围护构件等组成。楼梯的最低和最高一级踏步间的水平投影距离为梯长,梯级的总高为梯高。中国战国时期铜器上的重屋形象中已镌刻有楼梯。15～16 世纪的意大利,将室内楼梯从传统的封闭空间中解放出来,使之成为形体富于变化、带有装饰性的建筑组成部分。

楼梯由以下几个部分组成:

(1)楼梯段

每个楼梯段上的踏步数目不得超过 18 级,也不得少于 3 级。

(2)楼梯平台

楼梯平台按其所处位置分为楼层平台和中间平台。

(3)栏杆(栏板)和扶手

栏杆(扶手)是设置在楼梯段和平台临空侧的围护构件,应有一定的强度和刚度,并应在上部设置供人们手扶持用的扶手。扶手是设在栏杆顶部供人们上下楼梯倚扶的连续配件。

(4)将军柱

楼梯栏杆起步处的起头大柱,一般比大立柱要大一号。

(5)大立柱

位于栏杆转角处,承接两根扶手或做扶手收尾的大柱子。

(6)踏板

楼梯上的下面板,一般整体上用 38 mm,水泥梯上用 30 mm 厚。

楼梯的形式分为单跑楼梯、双跑楼梯和多跑楼梯。梯段的平面形状有直线、折线和曲线。因此,在楼梯丰富多彩的造型上,可以用 Revit 2016 来多方向地对楼梯的造型及体量进行定义,使之更加丰富化、艺术化。

按结构形式和受力特点,楼梯形式可分为板式、梁式、悬挑(剪刀)式和螺旋式。前两种属于平面受力体系,后两种则为空间受力体系。

板式楼梯由梯段板、平台板和平台梁组成。梯段板是一块带踏步的斜板,斜板支承于上、下平台梁上,底层下端支承在地垄墙上。板式楼梯的优点是梯段板下表面平整,支模简单;缺点是梯段板跨度较大时,斜板厚度较大,结构材料用量较多。因此,板式楼梯适用于可变荷载较小、梯段板跨度一般不大于 3 m 的情况。

板式楼梯的内力计算包括梯段板、平台板和平台梁的内力计算。

梯段板和平台板都支承于平台梁上,为简化计算,通常将梯段板和平台板分开计算,但在计算及构造上要考虑它们相互间的整体作用。

梯段板计算时,一般取 1 m 宽的板带作为计算单元,并将板带简化为斜向简支板。为计算梯段板的内力,将荷载分解为垂直于斜板和平行于斜板的两个分量。平行于斜板的均布荷载使其产生轴力,其值不大,可以忽略;垂直于斜板的荷载分量使其产生弯矩和剪力。

梁式楼梯的内力计算,包括踏步板、梯段斜梁、平台板和平台梁的内力计算。

① 踏步板:踏步板由斜板和踏步组成,从梯段板中取出一个踏步板作为计算单元,踏

步板为梯形截面,计算时可按截面面积相等的原则折算为等宽度的矩形截面。

② 梯段斜梁:梯段斜梁承受由踏步板传来的均布荷载和自重,其计算原理同板式楼梯中的梯段斜板。

③ 平台板与平台梁:与板式楼梯的计算基本相同,不同的是梁式楼梯的平台梁除承受平台板传来的均布荷载和平台梁自重外,还承受梯段斜梁传来的集中荷载。

梯段斜板的厚度一般取 $h=(1/30\sim1/25)10,10$ 为斜板水平方向的跨度。板的跨中截面配筋按计算确定。考虑到斜板与平台梁及平台板的整体性,斜板的两端应按构造设置承受负弯矩作用的钢筋,设置负筋的范围不得小于 $10/4$ 的长度,其数量一般取跨中截面配筋的 $1/2$,在梁或板中的锚固长度不小于 $30d$,在垂直受力筋的方向设置分布筋,每级踏步板内受力钢筋不得少于 $2/8$,延板斜向的分布钢筋不少于 $8/250$。梯段板配筋可采用弯起式,也可采用分离式。梁式楼梯是由踏步板、梯段斜梁、平台板和平台梁组成。踏步板支承于梯段斜梁上,梯段斜梁支承于上、下平台梁上,斜梁可位于踏步板的下面或上面。当梯段板水平方向的跨度大于 $3.0\sim3.3$ m 时,采用梁式楼梯较为经济,其缺点是施工时支模比较复杂,外观也显得笨重。

11.2.2　楼梯的创建

楼梯的创建可以选用 Revit 2016 常用选项面板中的"楼梯"按钮,单击后会出现"楼梯(按构件)"和"楼梯(按草图)"两个选项卡,如图 11.2.1 所示。本节主要讲述如何按草图来绘制楼梯。

图 11.2.1　楼梯绘制方式

首先,单击"楼梯(按草图)",得到绘制面板,如图 11.2.2 所示。

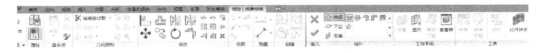

图 11.2.2　按草图绘制面板

在面板的中部会发现"梯段""边界""踢面"三个选项。选择梯段,并且绘制方式会分为两种,一种为直线,另一种为曲线。选择一种绘制方式,即可在平面上进行绘制。

当然,这是最基本的一种绘制方法。在绘制楼梯时必定会考虑梯段、梯井、平台、踏步等常规因素数据,因此,需要在绘制前对楼梯的属性进行编辑。单击楼梯属性对话框,单击"编辑类型",弹出如图 11.2.3 所示的属性面板,可以在属性面板中创建自己的楼梯样式;设置踏板、踢面、梯边梁的位置、高度、文字、材质等类型属性参数。如此,便是对楼梯的属性进行前期的编辑。

图 11.2.3 楼梯类型属性对话框

在 Revit 2016 中,信息处理系统是极其方便的,例如在对楼梯的属性进行微调时,即在属性对话框中编辑楼梯的宽度、基准偏移量等参数时,系统会自动根据当前层的层高来进行计算,选择最优的实际踏步数,如图 11.2.4 所示。

在 Revit 2016 中绘制楼梯时还需要注意的是参照平面的绘制,因为按草图来绘制楼梯,起跑位置线等都是不固定的,需要自己来选择定点,因此需要绘制参照平面来定起跑位置线、休息平台位置线、楼梯梯段宽位置线等。参照平面的位置如图 11.2.5 所示,其中有"直线""拾取线"两种绘制方式,如图 11.2.6 所示,可以根据自身的情况来进行选择。

在绘制时要注意绘制的楼梯下方的踏步数量的变化,需要做到双跑楼梯时数字减少到一半,此时,要及时停止并开始绘制另一个梯段中的踏步。例如:创建了 11 个踢面,剩余 11 个,如图 11.2.7 所示。

图 11.2.4　楼梯属性栏

图 11.2.5　参照平面

图 11.2.6　拾取方式

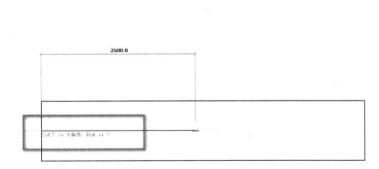

图 11.2.7　楼梯绘制

基本完成绘制后,调整边界位置,检查休息平台是否符合规范、边缘是否贴紧墙面或符合所要求的边缘位置;楼梯两侧是否贴近墙面或符合所要求的边缘位置等。当所有检查完毕后,单击"√"完成楼梯的绘制,系统会自动生成楼梯,如图 11.2.8 和图 11.2.9 所示。

 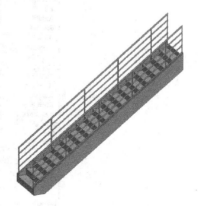

图 11.2.8 楼梯效果图(1)　　　　图 11.2.9 楼梯效果图(2)

需要注意的是,在绘制梯段时通常是以中心线为基准的,这就要求我们注意所选用的是什么样的楼梯(如双跑、L 型、U 型、三角型等),需要根据所选楼梯的不同来绘制参考平面,因地制宜,适时而用。

11.2.3 楼梯的修改

绘制完楼梯后,需要更改相应的属性设置,如扶手、材质等。因此,需要在绘制完楼梯后,单击楼梯弹出属性面板,选择"编辑属性"来编辑相应的属性。如材质需要在属性面板框中的"材质和装饰"中来进行相应的修改(见图 11.2.10),可以对踏板材质、踢面材质、梯边梁材质等进行相应的编辑。

材质和装饰	2
踏板材质	<按类别>
踢面材质	<按类别>
梯边梁材质	<按类别>
整体式材质	<按类别>

图 11.2.10 材质和装饰

绘制完楼梯后,在首层、中间层及顶层的楼梯平面的显示也不同,因此需要对楼梯的视图进行相应的修改。

首先对首层平面进行编辑。首层平面的楼梯通常只能见到剖切线以下部分的楼梯视图,剖切线以上部分是不可见的,因此,需要使其不可见。单击该楼梯的属性面板框中的"可见性/图形替换"-"编辑"(或者从常用选项面板中选择"视图"-"可见性/图形"来完成),单击后会弹出一个"可见性/图形替换"的对话框,如图 11.2.11 所示,选择"模型类别"选项,然后找出楼梯的选项,单击前方的"+"显示隐藏的选项,寻找并单击取消"楼梯超出截面线""梯边梁超出截面线"等选项前方的选项框,如图 11.2.12 所示。另外还需要寻找出扶手选项,单击前方的"＋"显示隐藏的选项,寻找并单击取消"扶手超出截面线"的选项,如图 11.2.13 所示。最后,完成首层平面面的楼梯绘制,如图 11.2.14 所示。

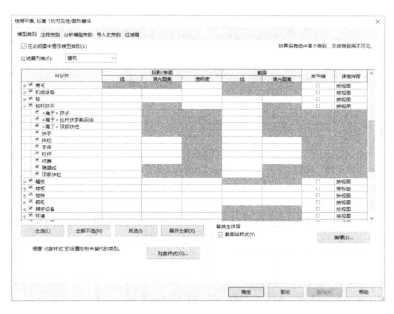

图 11.2.11　修改(1)

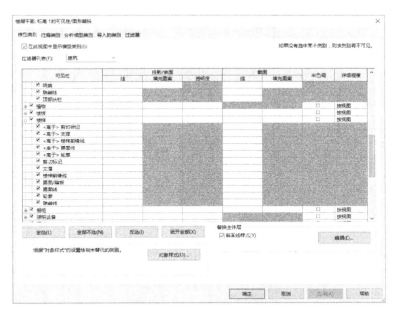

图 11.2.12　修改(2)

图 11.2.13　修改（3）

　　楼梯平面上的箭头方向及"向上"或"向下"的标签也是可以调控的。需要单击楼梯弹出属性面板框,在面板框中寻找图形框,因为首层平面只需要向上的箭头及向上的标签,所以需要选中"向上箭头"及"向上标签"来完成楼梯一层平面的绘制,如图 11.2.15所示。

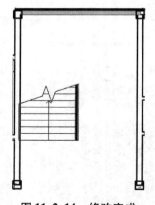

图 11.2.14　修改完成

图形	
文字(向上)	向上
文字(向下)	向下
向上标签	☑
向上箭头	☑
向下标签	☐
向下箭头	☐
在所有视图中...	☐

图 11.2.15　选择标签箭头

11.3　坡　道

11.3.1　坡道的相关知识

　　无障碍坡道是对于残疾人在建筑上的一种保护性措施。无障碍坡道可以方便他们的行动及保障行动的安全性。因此,本节将引用一些无障碍坡道的设计规范来方便无障碍坡道的设计。

（1）坡道应符合下列规定：

① 缘石坡道的坡面应平整、防滑。

② 缘石坡道的坡口与车行道之间宜没有高差；当有高差时，高出车行道的地面不应大于 10 mm。

③ 宜优先选用全宽式单面坡缘石坡道。

（2）缘石坡道的坡度应符合下列规定：

① 全宽式单面坡缘石坡道的坡度不应大于 $1:20$；

② 三面坡缘石坡道正面及侧面的坡度不应大于 $1:12$；

③ 其他形式的缘石坡道的坡度均不应大于 $1:12$。

（3）缘石坡道的宽度应符合下列规定：

① 全宽式单面坡缘石坡道的宽度应与人行道宽度相同；

② 三面坡缘石坡道的正面坡道宽度不应小于 1.20 m；

③ 其他形式的缘石坡道的坡口宽度均不应小于 1.50 m。

以上便是简单地讲述了一下坡道的相关国家标准设计规则，设计者也可以自己翻阅《建筑设计规范资料集》等建筑规范类书籍来查阅坡道的相关设计规则，此处不再做引申描述。

11.3.2　坡道的创建

在 Revit 2016 的常用选项面板中有专门的"坡道"选项，可以根据这个选项轻松地绘制出坡道。

首先，单击"建筑"选项面板的"坡道"，接着会出现坡道的绘制面板，如图 11.3.1 所示。

图 11.3.1　坡道绘制面板

从选项面板中可以看出，坡道的绘制拥有三种绘制方式，即"梯段""边界""踢面"。此处根据"梯段"来进行坡道的绘制讲解。单击"梯段"选项后，可以拥有"直线""曲线"两种绘制方式，本次选用坡道来绘制。单击"直线"，开始进行草图的绘制。

和前文绘制楼梯的方式一样，需要在绘制坡道前对坡道的属性进行前期的定义编辑，从而方便绘制坡道种类及尺寸的基本定义。单击坡道属性面板中的"属性编辑"，在弹出的类型属性对话框中可以对坡道的厚度、材质、坡道的最大坡度（1/X）、结构等类型属性参数进行编辑。当完成后前期的属性编辑后单击"确定"按钮，接着开始绘制，如图 11.3.2 所示。需要注意的是，在对坡道的属性进行编辑时，最好对坡道进行复制并重命名，或者重新导入新的坡道，这样做的好处是防止坡道的属性修改干扰系统原坡道的属性参数。

当前期属性修改完成后，需要对坡道的宽度、高度等常规因素数据进行修改。在坡道的属性面板内寻找"限制条件""尺寸标注"选项框，并修改"底部标高""底部偏移""顶部标高""顶部便宜""宽度"的数据,修改完成后单击"确定",如图 11.3.3 所示,并开始下一步绘制。

当相关属性调整完毕后,与楼梯类似,需要绘制坡道的起跑位置定位线线、休息平台定位线及坡道梯段中心定位线。因绘制参照平面与前文的楼梯参照平面绘制线类似,在此不做相关引述。

单击按直线绘制后从坡道底端起跑位置定位线开始绘制,在绘制到重点位置线过程中,需要注意梯段绘制的剩余距离,当需要绘制两段梯面时就需要注意剩余一半的绘制距离的数据提示。相关提示如"创建的倾斜坡道,48000 剩余",如图 11.3.4 所示。

单击"√"完成坡道绘制后,系统会自动生成坡道,并生成坡道扶手,如图 11.3.5 所示。

图 11.3.2　坡道属性修改

图 11.3.3　坡道其他
属性修改

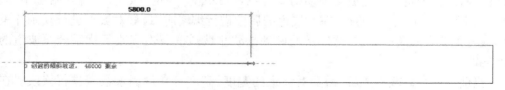

图 11.3.4　坡道的创建

图 11.3.5 坡道扶手的生成

完成坡道的绘制后,可以对坡道的材质进行相应的编辑。单击坡道属性面板中的"属性编辑",然后在属性面板对话框中寻找"材质和装饰",进行相应的编辑。编辑时最好进行坡道的复制及重命名,或者导入新的坡道族,如图 11.3.6 所示。

图 11.3.6 坡道材质编辑

在坡道中有实体坡道及结构板坡道的区分,因此,要完成这两种坡道,就需要对坡道的属性进行编辑。进入坡道的属性面板后,单击"编辑属性",在"造型"选项下选择结构,则坡道如图 11.3.7 所示;如果在"造型"下选择实体,则坡道如图 11.3.8 所示。

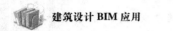

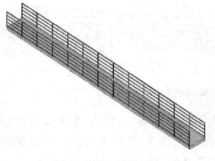

图 11.3.7　坡道(1)

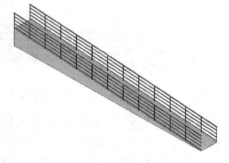

图 11.3.8　坡道(2)

第 12 章　楼板及屋顶

12.1　楼　板

12.1.1　楼板层的结构

楼板是建筑结构中比较重要的一个建筑结构。楼板层自上而下有下述层次：

（1）面层：楼板层的上表面（见地面）面层，起到装饰，防火防潮、保护结构层的作用。

（2）结合层：面层同下层的连接层，有支撑承重的作用。

（3）找平层：为不平整的下层找平或找坡的构造层，常用砂浆构筑。

（4）防水层和防潮层：用以防止室内的水透过和防止潮气渗透的构造层。

（5）保温层和隔热层：改善热工性能的构造层附加层，用于防火、保温隔热、防水防潮等。

（6）隔声层：隔绝楼板撞击声的构造层。

（7）隔蒸汽层：防止蒸汽渗透影响保温隔热功能的构造层。

（8）填充层：起填充作用的构造层。

（9）管道敷设层：敷设设备暗管线的构造层，常利用填充层的空间。

（10）结构层：即楼板，为承重部分。

（11）顶棚：设置在楼板层的下表面，吊顶一般用于装饰天花、反光、铺设电缆、通信、空调等管线。

楼板层在 Revit 2016 中比较难的部分就是对楼板结构层的编辑。因此，如果能掌握楼板层的相关结构，就可以便捷和精确地进行相应的操作。

12.1.2　楼板的创建

在 Revit 2016 中，系统在建筑的选项面板中有一个单独的"楼板"选项，其中包含"楼板：建筑""楼板：结构""面楼板"三种楼板编辑方式，同时还带有一个楼板边缘编辑命令"楼板：楼板边"，如图 12.1.1 所示。

三种不同的楼板可以根据字面的意思（在建筑中的楼板、在结构上的楼板、在面层的楼板）进行选择。本书主讲 Revit 在建筑中的运

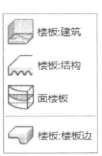

图 12.1.1　楼板选项

用,因此这里主要以"楼板:建筑"进行举例运用。

首先,单击"楼板:建筑",弹出楼板编辑面板,如图 12.1.2 所示。同时,楼板的绘制有"边界线""坡度箭头""跨方向"三种绘制方式。本次主要以"边界线"来进行绘图演练,如图 12.1.3 所示。

图 12.1.2　楼板创建面板

图 12.1.3　创建方式

在绘制楼板时应先提前对楼板的属性进行前期的定义编辑,编辑好楼板的类型,是外楼板还是内楼板,结构层怎么布置,用什么材料布置,这些都应该在绘制楼板前进行一个总的考量。首先,单击楼板属性面板中的"编辑类型"打开"类型属性"对话框,如图 12.1.4 所示。

图 12.1.4　楼板属性编辑

在弹出的对话框中,可以直接在系统自带的楼板族中修改,但此项修改会改变系统族中的数据,因此先单击"复制"来复制系统族并单击"重命名"来完成新族的命名。在此之后,开始对新的楼板族进行相应的编辑。我们可以对楼板的结构、功能、吸收率等属性进行编辑。首先,对楼板的结构进行编辑,单击结构中的"编辑",弹出"编辑部件"对话框,如图 12.1.5 所示。在对话框的下方,有"插入""删除""向上""向下"4 个按钮。用这 4 个指令来完成对结构层的添加层数、改变层位置、删除层位置的操作。在完成结构层的编辑后,对各个结构层的材质进行编辑。在相应的结构层框中,在材质一栏中选中并单击"…",弹出材质选择框,如图 12.1.6 所示。我们可以在材质框中选择相应的材质。选择完毕后,单击"确定",完成对材质的编辑,单击"确定"后完成对结构层的编辑。

图 12.1.5 楼板结构编辑

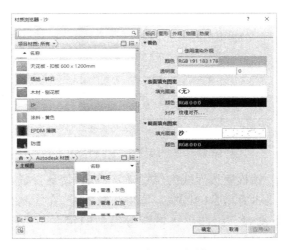

图 12.1.6 楼板材质编辑

在对楼板属性的前期编辑结束后,便开始绘制楼板草图。单击"边界线"并选择"直线"来进行楼板的草图绘制。将光标放置在开始位置,然后沿着所需绘制楼板的墙体轮廓来进行相应的绘制,如图 10.1.7 所示。遇到如矩形、圆形等规则形状时,我们也可以改变绘制方式,即选择"矩形""圆形""拾取线"等方式来进行绘制。几者相应地结合绘制,可以很大地提高绘制楼板草图的效率,如图 12.1.8 和图 12.1.9 所示。

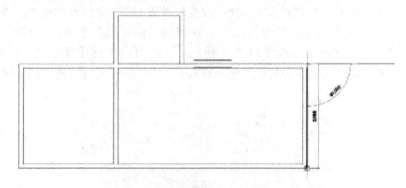

图 12.1.7　边界线的绘制(1)

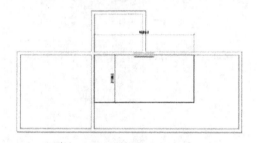

图 12.1.8　边界线的绘制(2)

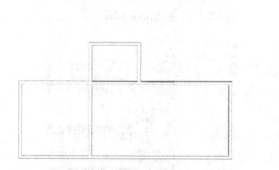

图 12.1.9　边界线的绘制(3)

　　完成草图绘制后,开始检查边界线的位置确定,查看其是否紧贴墙线,需要覆盖楼板的范围是否全部覆盖,是否有重合的区域。值得注意的是,在绘制楼板后,不允许绘制的草图线有重合、交集、重复、断开、两个区域线等类型的错误。当出现以下错误时,单击"√"完成创建后会给出一个错误提示,如图 12.1.10 所示。当改掉相应的错误之后,再单击"√"后,完成草图编辑,然后会出现一个区域性的面域,呈蓝色,这便是所绘制的楼板区域,如图 12.1.11 所示。当显示为三维视图后,同样会出现一个三维视图下的楼板,如图 12.1.12 所示。

图 **12.1.10**　楼板边界线错误提示

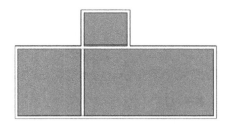

图 **12.1.11**　楼板绘制完成

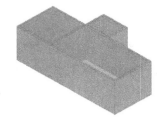

图 **12.1.12**　三维效果的楼板

12.1.3　楼板的编辑

绘制完楼板后,如果发现它并不完全符合我们所需要的要求时,可以对其进行二次修改。最简单的便是在楼板的属性框里进行"底层限制""顶部限制""自然高的高度偏移"等属性修改,如图 12.1.13 所示。同时,也可以单击"编辑类型"来进行相应的编辑,如上文所述进行相应的二次修改。

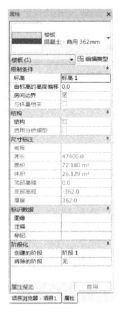

图 **12.1.13**　楼板属性编辑

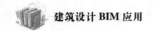
在楼板中,因为某种需要,可能要对楼板进行一些向上或向下的偏移等。这就需要在绘制前进行偏移设置或者在绘制完后对楼板自标高的高度偏移进行编辑,完成所需要的偏移。

另外,把楼板分为室内楼板和室外楼板,室外楼板又含有空调板及室外台阶板等。在此举几个楼板的结构层例子,方便读者在编辑楼板层时有所参考,如图 12.1.14 和图 12.1.15 所示。

族:	楼板
类型:	常规 - 150mm
厚度总计:	150.0 (默认)
阻力(R):	0.0000 (m²·K)/W
热质量:	0.00 kJ/K

层

	功能	材质	厚度	包络	结构材质	可变
1	核心边界	包络上层	0.0			
2	结构 [1]	<按类别>	150.0	□	☑	□
3	核心边界	包络下层	0.0			

图 12.1.14　例子(1)

族:	楼板
类型:	混凝土 - 商用 362mm
厚度总计:	362.0 (默认)
阻力(R):	0.0358 (m²·K)/W
热质量:	0.18 kJ/K

层

	功能	材质	厚度	包络	结构材质	可变
1	核心边界	包络上层	0.0			
2	结构 [1]	混凝土 - 现场浇注	200.0	□	☑	□
3	核心边界	包络下层	0.0			
4	涂膜层	防潮	0.0	□	□	□
5		沙	12.0	□	□	□
6		场地 - 碎石	150.0	□	□	□

图 12.1.15　例子(2)

12.2　屋　顶

12.2.1　创建屋顶

Revit 2016 提供了屋顶的编辑选项。在建筑选项面板中,"屋顶"提供了三种屋顶绘制方式——"迹线屋顶""拉伸屋顶""面屋顶",以及三种屋顶的边沿编辑——"屋檐:底板""屋顶:封檐板""屋顶:檐槽"。这几种绘制方式在绘制屋顶时,可以根据不同的需要来进行不同的绘制。本节选用"迹线屋顶"来完成屋顶的绘制。

首先,打开建筑选项面板,单击"屋顶"选项会出现如图 12.2.1 所示的下拉菜单,从中可以看到上述的几种绘图方式。选中"迹线屋顶"弹出相应的绘制操作面板,如图 12.2.2 所示。

图 12.2.1　屋顶菜单

图 12.2.2　屋顶操作面板

　　进入绘图界面后，打开相应的屋顶属性面板，单击"编辑类型"打开相应的"类型属性"对话框，并相应地对屋顶的属性进行前期的编辑，如图 12.2.3 所示，可以对"结构"进行编辑，也可以对"吸收率""粗糙率"等进行编辑。

图 12.2.3　屋顶前期编辑

单击"结构"-"编辑"后会弹出编辑部件框,可以对屋顶的结构进行相应的编辑,具体操作请参照 12.1 节的结构编辑方法来完成编辑。当我们完成属性的前期编辑后,即可开始屋顶的草图创建。首先选择绘制工具面板中的"边界线"-"直线"。然后开始沿着我们所要绘制的区域的轮廓线进行绘制。当绘制成一个封闭的空间后,即可单击"√"完成绘制,如图 12.2.4 所示。在遇到矩形、圆形等形状区域时,也可以选取"矩形""圆形""拾取线""拾取墙"等工具来实现绘制的便捷性,如图 12.2.5 所示。值得注意的是,当所绘制的草图中出现短线、交叉、重复等错误时,是无法完成绘制的,纠正所犯的绘制错误后,方可完成绘制。

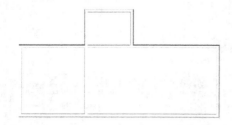

图 12.2.4　屋顶轨迹线

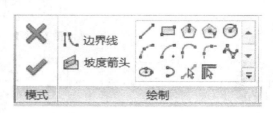

图 12.2.5　轨迹线绘制工具

绘制好草图后,检查绘制的草图是否贴近绘制区域的轮廓线,进行相应的调整,并修改所需要的在同一标高下的偏移量。完成这些操作之后,单击"√"完成编辑,在平面视图下,会得到一个蓝色的区域,这片区域便是所绘制的屋顶区域,如图 12.2.6 所示。转换三维视角后,可以得到一个三维的区域图,如图 12.2.7 所示。如此,便完成了平屋顶的绘制。

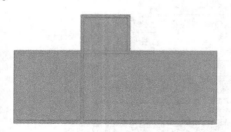

图 12.2.6　屋顶绘制完成

图 12.2.7　三维模式下的屋顶

12.2.2　坡屋顶的创建

通过练习可以知道,所绘制的迹线屋顶和楼板的绘制大同小异,但迹线屋顶相比楼板多出了一个定义屋顶坡度的功能。

绘制坡屋顶时,首先选择需要绘制的屋顶下的墙面平面,在建筑选项面板中依次单击"屋顶"-"迹线屋顶"-"选取墙",然后在工具面板中的选项栏中单击"定义坡度"选项来启用,接着单击"延伸到墙中(至核心层)"选项并启用,在"悬挑"设置项中设置参数(根据所需的坡度大小进行输入),在此就依照"700.0"来设置。具体操作如图 12.2.8 和图 12.2.9 所示。

图 12.2.8　坡屋顶的操作面板

☑ 定义坡度　悬挑: 700.0　　　☑ 延伸到墙中(至核心层)

图 12.2.9　参数设置

在屋顶的属性面板中进行屋顶的前期编辑,具体参数设置依照上面几章节的参数设置,在此就不多做讲述。编辑完屋顶的属性后,选择"拾取墙"工具来进行屋顶轮廓线的绘制,如图 12.2.10 所示。

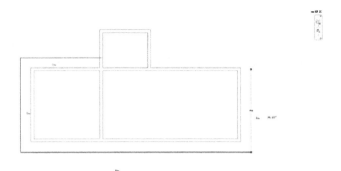

图 12.2.10　坡屋顶轨迹线的拾取

把草图线绘制成一个密闭的区域后,检查是否有绘制错误或绘制范围的大小错误等,逐个检查完毕后,单击"√"后完成屋顶的创建,会得到一个蓝色的屋顶区域。这便是所绘制的坡屋顶的平面图,如图 12.2.11 所示。转换三维视角后,便会看到如图 12.2.12 所示的屋顶图。

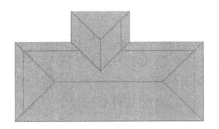

图 12.2.11　坡屋顶完成

图 12.2.12　坡屋顶的三维效果

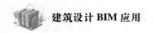

第 13 章　房间和面积

13.1　房　间

在 Revit 中，系统为了方便我们对所设计的建筑的房间分布、房间面积及房间的相关信息有一个计算和设置，给操作者提供了一些小工具来方便操作。同时，Revit 也可以配合标记及明细表来统计房间信息。在这里，我们也可以对房间的尺寸、面积、名称和用途做一些标记。

13.1.1　创建房间

在 Revit 2016 中，所有的房间选项都需要对房间进行密闭处理，即不允许房间有开放或半开放式的房间空间，然后利用系统自动搜寻密闭区域来创建一个房间。

在进行创建房间的操作时，首先把视图框调整到需要进行房间处理的平面视图中，然后在建筑选项面板中选择"房间和面积"选项所在的面板区域，如图 13.1.1 所示。

图 13.1.1　房间选取

在该面板区域内有"房间""房间分隔""标记房间""面积""边界面积""标记面积"等。我们在该对话框内选中"房间和面积"的下拉菜单，如图 13.1.2 所示。打开后选中其中的"面积和体积计算"，弹出计算对话框。在对话框中分别启用"仅按面积（更快）"和"在墙核心层（L）"两个选项，如图 13.1.3 所示。以此完成计算设置。

图 13.1.2　房间和面积下拉菜单

图 13.1.3 面积和体积计算

设置完成后,单击"房间和面积"面板中的"房间"选项后,开始进入房间的编辑设置。在选项面板下方的一个设置栏中,设置它的上线为我们所处楼层的位置,高度偏移为房间的所标记房间的高,如图 13.1.4 所示。

图 13.1.4 房间的基本属性

将光标移动到所需要计算的密闭空间后,我们发现 Revit 2016 系统自动把所标记的房间显示为蓝色的房间预览界面,单击其中即可创建房间,如图 13.1.5 所示。

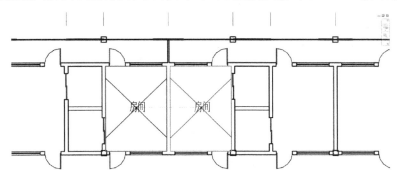

图 13.1.5 创建房间(1)

当创建完毕后,可以按住键盘上的 ESC 键退出绘制界面。当我们想检查所标记房间是否为我们所需要标记的房间时,将光标指向创建后的房间区域,当所指向的房间显示高亮时,检查其是否为标记房间。如图 13.1.6 所示,单击该房间并选中该图元,在属性面板框中可以对所标记的房间进行标记,如设置其"编号""名称"等,如图 13.1.7 所示,也可以在该属性面板中的尺寸标注中看出面积、周长、房间表示高度等数据。应用起来十分方便。

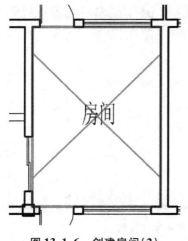

图 13.1.6　创建房间(2)

限制条件	
尺寸标注	
面积	16.660 m²
周长	16600.0
房间标示高度	2438.4
体积	未计算
计算高度	0.0
标识数据	
编号	1
名称	房间
图像	
注释	
占用	
部门	
基面面层	
天花板面层	
墙面面层	
楼板面层	
占用者	
阶段化	

图 13.1.7　房间属性设置

13.1.2　房间图例

在添加房间后,可以对房间进行添加图例的操作,从而使关于房间的范围、分布的表达更加清晰。

在对视图进行房间图例的编辑时,推荐对所绘制的平面进行复制后再进行二次编辑。其原因是在进行房间的编辑时它所标记的字符会存留在我们所看到的视图平面上。因此,复制一个视图再进行编辑是使我们不需要图例来观察视图上平面的好方法。

首先,在项目浏览器里找到所需要编辑的视图平面 F3 平面,鼠标右击 F3 楼层平面,会弹出一个快捷菜单,如图 13.1.8 所示。选择"复制视图"–"复制"完成复制 F3 楼层平面的操作,紧接着对"F3 副本1"进行重命名,鼠标右击"F3 副本 1"弹出一个快捷菜单(见图 13.1.9),然后选择"重命名"会弹出一个重新命名框,用这样的方法即可对复制的楼层平面副本进行重新命名。

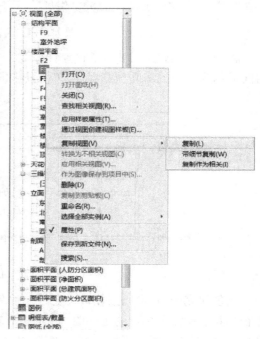

图 13.1.8　复制楼层平面(1)

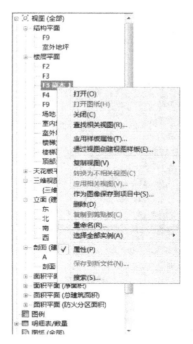

图 13.1.9 复制楼层平面(2)

编辑完图例视图后,对所需要编辑的房间进行标记。打开建筑常用选项面板,选择房间和面积选项栏内"房间标记"–"房间标记",如图 13.1.10 所示。

图 13.1.10 房间标记打开

在进行房间标记时需要注意的是选择标记方式。系统给出了一些标记的方式,我们选取有房间及面积的一种方式。如果有其他想法,也可以编辑族来完成,如图 13.1.11 所示。当我们选好方式后,在已划分好的房间内进行标记,标记如图 13.1.12 所示。标记完成后,对每个房间进行重新命名,命名方式为双击房间名称出现命名框,在命名框里输入所需要的名字即可如图 13.1.13 所示。值得注意的是,在进行房间标记时,在选项面板下的属性栏里不要勾选"引线"选项。因为一但勾选引线选项后,在房间的标记字符不再是在房间内,而是由一条长长的引线引出平面图外进行房间标记字符的标记。

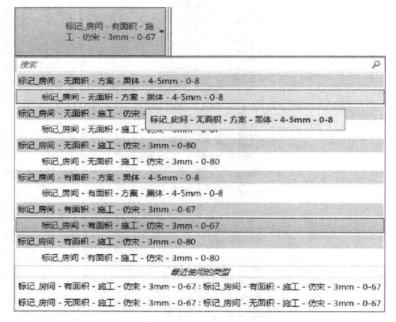

图 13.1.11　改变标记族

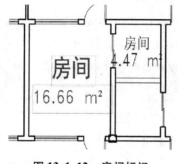

图 13.1.12　房间标记

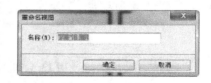

图 13.1.13　重命名视图

如果两个或以上的楼层房间布局一样,就可以将房间标记复制在剪切板内,通过粘贴到相应楼层来完成对每个楼层相同房间的布局。

13.2　面积平面

面积平面是对楼层平面的一种面积编辑。我们对每个面积平面进行标记及颜色的编辑,目的是方便对它进行查阅。

13.2.1　创建面积平面

Revit 2016 提供了面积平面编辑的工具,以便创建专用的面积平面视图。平面中包括建筑占地面积、使用面积、一层平面面积等数据参数。Revit 2016 可以自动地对所标记的房间进行面积计算。

在本节中依旧用上文所用的案例作为面积平面的例子。

在"建筑"常用选项面板中单击"房间和面积"选项栏中的"房间和面积"下拉菜单，打开之后再选中"面积和体积计算"，如图 13.2.1 所示。

图 13.2.1　房间面积

在打开的"面积和体积计算"对话框中，单击对话框右上角的"新建"来新建一个面积方案，将其设置成"面积方案 1"。该项可根据设计要求来进行编辑，如图 13.2.2 所示。

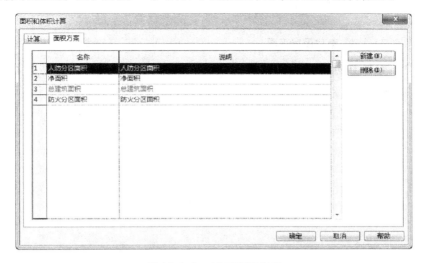

图 13.2.2　创建面积方案

在创建完面积方案后，开始对楼层平面进行面积平面创建。打开"建筑"常用选项面板，在"房间和面积"选项栏中依次打开"面积"－"面积平面"工具，如图 13.2.3 所示。

图 13.2.3　面积平面操作框

打开面积平面工具后，弹出"新建面积平面"对话框，如图 13.2.4 所示。本节主要以 F3 楼层平面作为简介案例平面，故选中"F3"单击"确定"后，弹出"是否要自动创建与所有外墙关联的面积边界线"的对话框，如图 13.2.5 所示。单击"否"，这样 Revit 2016 系统会自动生成一个面积平面。

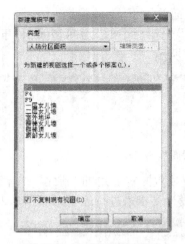

图 13.2.4 新建面积平面   图 13.2.5 系统命令对话框

Revit 2016 系统在创建完面积平面视图后,自动在项目浏览页内生成面积平面视图层,位于面积平面栏内,如图 13.2.6 所示。打开后会出现一个线型比较多的楼层平面,如图 13.2.7 所示。

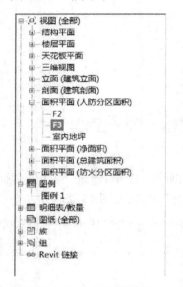

图 13.2.6 项目浏览器

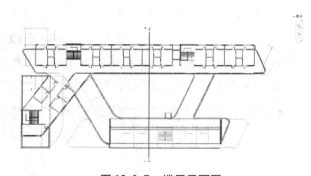

图 13.2.7 楼层平面图

在该项目的属性栏里依次单击"可见性/图形替换"–"编辑",在打开的对话框中打开"注释类别"一栏并依次勾选"立面""剖面""参考平面""剖面框"等几项。然后,再单击属性栏内的"基线",并将其修改为"无",如图 13.2.8 所示。最后将得到一个比较纯净的楼层平面图,如图 13.2.9 所示。

图13.2.8 基线修改

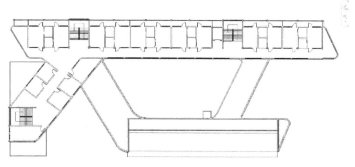

图13.2.9 纯净的楼层平面

在上述工作做完后,便可以开始对面积平面进行绘制。首先,选择"房间和面积"– "面积边界",弹出面积边界的工具操作框,如图11.2.10所示。这项操作是方便对面积 平面的范围进行定义。在操作界面内可以看出有很多的工具方法,如"直线""矩形" "圆"等,此处选用"拾取线"进行编辑操作。

图13.2.10 面积边界操作界面

通过"拾取线"拾取需要编辑的面积平面的范围边界线,如图13.2.11所示。然后利 用一些修剪工具将需要编辑的平面围合成一个密闭的区域。

面积边界编辑完成后,选中"房间和面积"–"面积"–"面积"等选项后,进行面积标 记操作,如图13.2.12所示。

面积选项选中后,对划定的面积区域进行面积标记。值得一提的是,在面板下方的 属性栏内禁用"引线"选项。将鼠标停留在需要标记的区域内,会出现如图13.2.12所示 的区域标记符号,此时单击并进行标记。当一次性把需要标记的区域进行标记后,便可 完成面积标记,如图13.2.14所示。

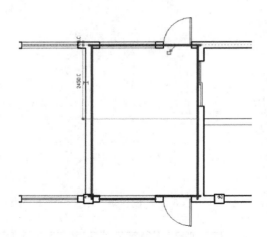

图 13.2.11　面积边界操作

图 13.2.12　　面积选项

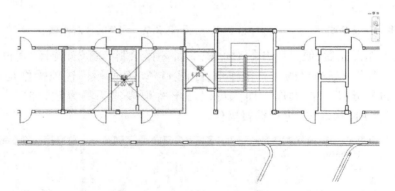

图 13.2.13　面积平面标记操作

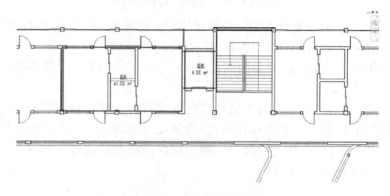

图 13.2.14　面积平面标记完成

第 14 章　材质及渲染

在 Revit 2016 中,自带的渲染工具是十分实用的,它不仅可以定义材质,还可以利用系统的软件对材质进行真实的反映,形成十分逼真的图像效果。在 Revit 2016 中,渲染一般有以下几项步骤:定义材质 – 选择视角 – 创建视图 – 定义照明 – 渲染相关设置 – 开始渲染并保存渲染图片。在这样的步骤下渲染出来的图片更能反映最真实的设计效果。

14.1　材　质

14.1.1　Revit 2016 中材质库的简介

Revit 2016 中提供的材质库十分庞大,包含混凝土、沥青、草地、石块、碎石、玻璃、石膏等真实材质。真实的材质在渲染效果图中能自然地表现建筑效果。除此之外,Revit 2016 还对每种材质有一个定义选择,包括对材质的标识、图形及外观的定义,甚至可以自主添加物理及热量的定义,在编辑选项上十分丰富。

14.1.2　Revit 2016 中材质浏览器

在 Revit 2016 中,无论是对墙体还是楼板,或者是其他实物进行结构上的编辑时,必然会遇到对材质的选择。此时单击结构中材质栏内的"…"即可自动弹出"材质浏览器"对话框,如图 14.1.1 所示。

在材质浏览器中,左上方的"项目材质"栏是 Revit 2016 中材质库的基础版在浏览器中的反映。在这一栏里,可以寻找需要的材质。左下方是 Revit 2016 中材质库的全部反映,当在上方的基础版内找不到需要的材质时,即可在下方的完整版内寻找。"材质浏览器"的右方是对材质进行定义的区域。在这个区域,可以对材质的标识、图形、外观、物理及热量进行定义。

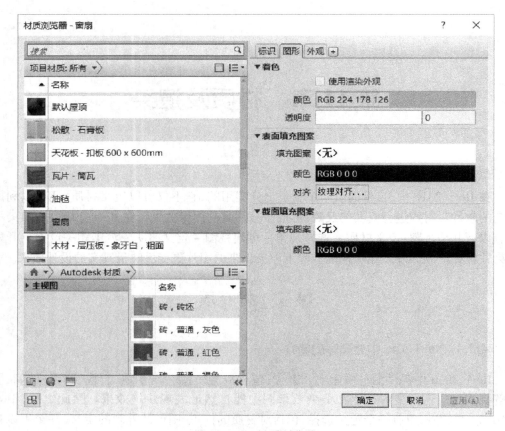

图 14.1.1　材质浏览器

14.1.3　Revit 2016 中材质选择

根据上节内容可以知道,在"材质浏览器"的左上方是材质列表,包含 Revit 2016 自带材质库的基本材质,可以根据自己的需要在里面寻找材质。在寻找时,可以根据材质的类别来分类查找,在材质列表底部的"项目材质"下拉菜单中寻找所需材料的类别,如图 14.1.2所示。菜单内包含玻璃、补墙板、常规、纺织物等种类。同时也可以根据自己的喜好来改变材质列表框的显示设置,即在项目材质栏内右端的下拉菜单内进行选择改变,如图 14.1.3 所示。

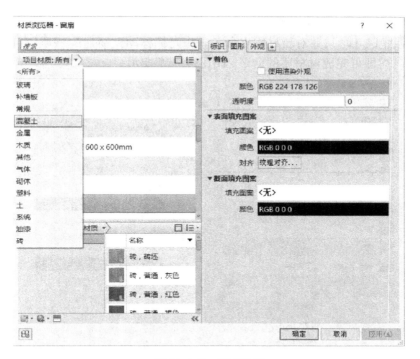

图 14.1.2　材质类别

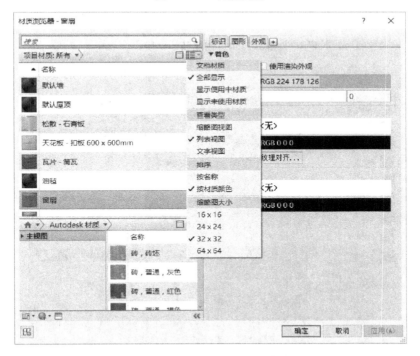

图 14.1.3　显示样式选择

　　当我们在基础选择中找不到所需要的材质时,便可以用完整版的材质库来进行选择。在左下方的材质库的底部有三个选项,分别为"创建、打开并编辑用户定义的库""创建并复制材质""打开、关闭资源浏览器"。选择"新建并复制材质"选项来完成创建新的材质命令(见图 14.1.4),并对新材质重命名。将光标移动到新建的材质,右击并选中重命名,输入名称,即可完成对材质的命名,如图 14.1.5 所示。

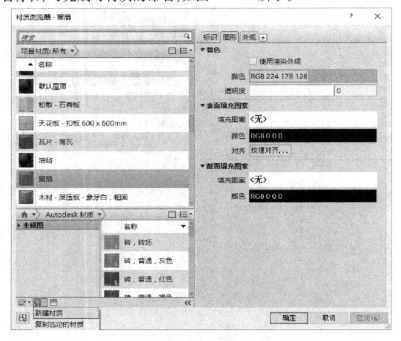

图 14.1.4 创建新的材质

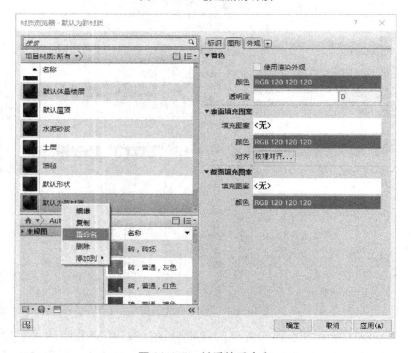

图 14.1.5 材质的重命名

重新命名后,对其进行材质选择。选择"打开、关闭资源浏览器",打开资源浏览器,如图 14.1.6 所示,继而开始按类别选择材质。选中材质后,鼠标右击所选材质,再在弹出的对话框中选择"在编辑器中替换",或者在选择的材质上双击以用来替换材质。

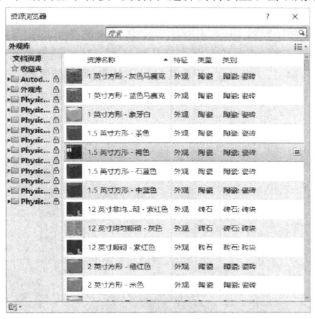

图 14.1.6　材质浏览器

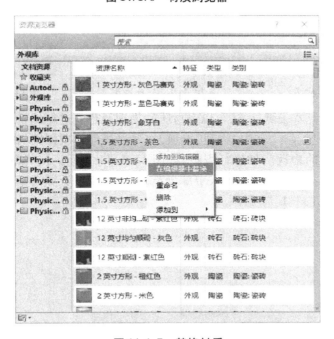

图 14.1.7　替换材质

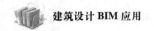
14.1.4 材质的编辑

Revit 2016 提供了材质的编辑功能,即对材质的属性进行定义,如定义材质的标识,修改它的名称、说明信息、产品信息、Revit 注释信息四项内容。这样的修改方便我们对材质进行查看时了解数据,如图 14.1.8 所示。定义材质的图形即定义材质是否使用外观渲染、着色、表面填充图案、截面填充图案等几项修改。这样的修改可使对材质的表现更加具体及细腻,如图 14.1.9 所示。还可以对材质的外观进行修改,即对它的信息、木材的图像、浮雕图案、染色等进行修改,这样的修改可使对材质的表现更加丰富、美观,如图 14.1.10 所示。

图 14.1.8　材质标识

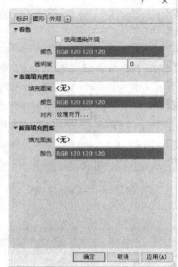

图 14.1.9　材质图形

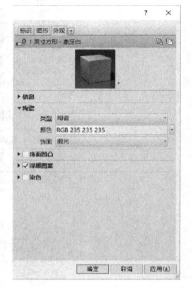

图 14.1.10　材质外观

除了这三项的基本设置外,还可以对材质的物理及热量进行编辑。单击材质编辑栏顶部的"＋"弹出下拉菜单,选中"物理"选项,并弹出物理选项浏览器。此时可以在浏览器内选择并对材质的物理属性进行编辑,如图 14.1.11 所示。同样单击"＋"弹出对话框,选中热量对话框,弹出热量的相关资源浏览器,也可以在资源浏览器内对材质的热量进行选择编辑,如图 14.1.12 所示。

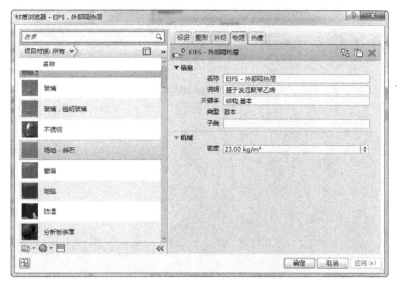

图 14.1.11　材质物理

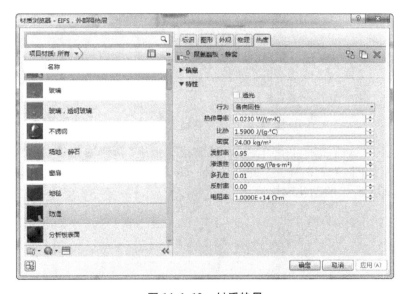

图 14.1.12　材质热量

14.2　Revit 中的贴花工具

Revit 2016 提供了贴花的工具来将 2D 的图像附着在 3D 的建筑实体上,实现渲染图的丰富性和真实性。贴花在 Revit 中十分常用,通常用于广告牌、招贴画的创建等。

14.2.1　创建贴花

创建贴花,需要打开"管理"-"项目管理"-"贴花类型",如图 14.2.1 所示。弹出

"贴花类型"对话框,如图 14.2.2 所示。

图 14.2.1　贴花类型打开

图 14.2.2　"贴花类型"对话框

　　在"贴花类型"对话框的底部单击"新建贴花",弹出"新建贴花"对话框,在其中输入新贴花的名称,如图 14.2.3 所示。此处选取 coffe 作为本次贴花名称。命名完后会自动出现如图 14.2.4 所示的贴花编辑框。

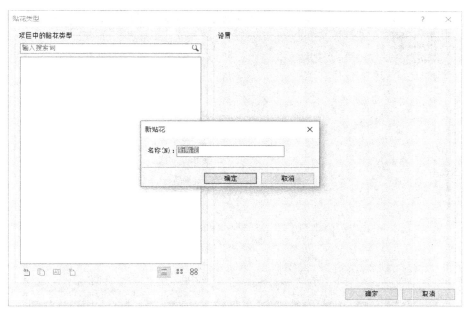

图 14.2.3　贴花命名

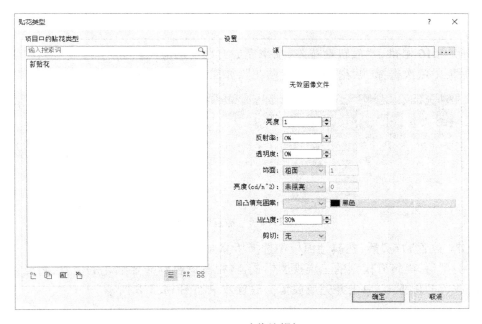

图 14.2.4　贴花编辑框

在贴花编辑框内,在"源"一栏中单击"…",选择文件并打开所需要的图片。完成后,再对贴花的亮度、反射率、透明度、饰面、亮度、凹凸填充图案、凹凸度、剪切等相关因素进行个性化编辑。最终检查无误后单击"确定",完成贴花的编辑,如图14.2.5 所示。

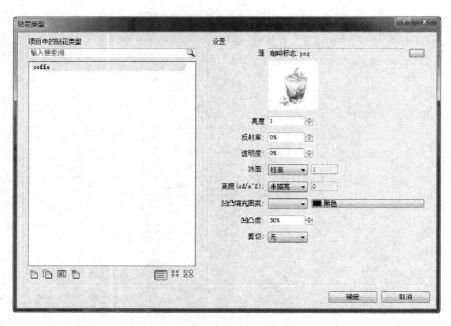

图 14.2.5　编辑完成

14.2.2　贴花的应用

Revit 2016 提供了"放置贴花"选项来完成对贴花的应用。首先,打开"插入"选项面板,在面板中依次选择"贴花"–"放置贴花",如图 12.2.6 所示。

图 14.2.6　放置贴花

单击"放置贴花"后,在属性面板中选择所需要放置的贴花,如图 14.2.7 所示。选择好贴花类型后,再打开模型的三维视图模式,将视图调整到需要贴花的位置,将光标移动到所需放置的位置上,单击并完成放置。放置效果如图 14.2.8 所示。

图 14.2.7　贴花选择　　　　　　　　图 14.2.8　贴花放置效果图

　　放置好贴花后,可以单击贴花弹出属性面板框,对贴花的尺寸标识等物理性进行修改,也可以在属性栏内决定是否选择固定宽高比来完成对贴花的修改。图 14.2.9 为贴花应用后的效果图。

图 14.2.9　贴花效果图

14.3　渲　染

14.3.1　渲染的相关设置

　　在渲染三维视图前,先定义控制照明、曝光、分辨率、背景和图像质量的设置。如有需要,请使用默认设置来渲染视图,默认设置经过智能化设计,可在大多数情况下得到令人

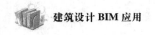
满意的结果。

如若希望手动调节渲染设置,就需要手动切换渲染对话框来进行调试。

首先按步骤打开"视图"-"渲染"后弹出"渲染"对话框,如图 14.3.1 所示。

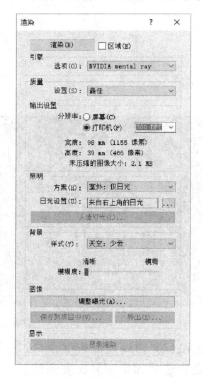

图 14.3.1 "渲染"对话框

如图所示,对话框中有"区域"选框。此选框是给渲染提供一个范围框,渲染该区域内的图像。

引擎选项含有"NVIDIA mental ray""Autodesk 光线追踪器"两种选项,一般选用默认的第一种渲染工具,它在效能上更加快捷。

质量设置需要自主选择,在"质量"选项中包含"绘图""底""中""高""最佳""自定义(视图专用)""编辑"等子选项,如图 14.3.2 所示。质量依次提高,最佳为质量最好。当然,也可以自己调试质量,即打开"编辑"选项并对质量进行编辑(见图 14.3.3),可以对质量的常规选项、反射与透明度选项等进行设

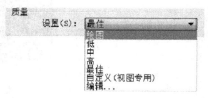

图 14.3.2 "质量"选项

置。这样的设置能满足高手对渲染质量的要求。当然,对新手来说,使用系统默认的设置即可。

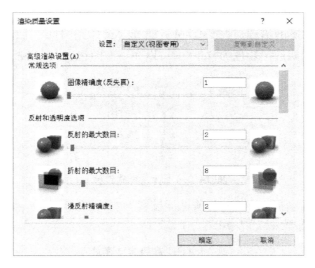

图 14.3.3　"渲染质量设置"对话框

"输出设置"中含有"分辨率"及宽度、高度、大小显示等。在"分辨率"中含有"屏幕""打印机"两个选项。"屏幕"选项是根据电脑所用的屏幕分辨率进行分辨率编辑的,而"打印机"则是手动调节分辨率(dpi),含有 150 dpi 和 300 dpi 等,一般渲染选用 150 ~ 300 dpi 即可。该设置栏下方即设置后文件的宽度高度及图像的大小。

"照明"即为该方案渲染时光线的照射方向。该设置中提供了"方案"选项,包含"室外:仅日光""室外:日光和人造光""室外:仅人造光""室内:仅日光""室内:日光和人造光""室内:仅人造光",如图 14.3.4 所示。我们可以根据需要的光源对方案进行渲染光源的设置,紧接着对"日光设置"进行设置。单击日光设置后的

图 14.3.4　"照明"方案设置

"…"弹出"日光设置"对话框,如图 14.3.5 所示。然后可以根据需要进行日光研究及预设,并在右方设置方位角和仰角。

图 14.3.5　"日光设置"对话框

"背景"设置中对"样式"设置提供了许多的选择,如"天空:无云""天空:非常少的云"

"天空:少云""天空:多云""天空:非常多的云""颜色""图像"等选项,如图 14.3.6 所示。也可以根据需要及方案的需要对"样式"进行选择。选择完"样式"后,还可以对"样式"下方的选项进行选择。如选择颜色为背景后,可以在下方的选项栏中进行颜色的选择。

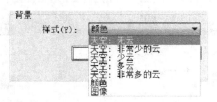

图 14.3.6 背景样式选择

对于前期的设置,需要对以上几项进行设置。

对于高级的渲染要求,如表 14.3.1 所示。

表 14.3.1 高级渲染要求

设置	说明	
常规选项	图像精确度（反失真）	增加该值以平滑渲染图像中的锯齿状边。输入一个 1（最锯齿状的）到 10（最平滑的）之间的值。请参见渲染性能和图像尺寸/质量
反射和透明度选项	最大反射数	渲染图像中存在没有反射的对象时,增加该值。输入一个在 0（无反射）到 100（最多反射）之间的值。请参见最佳做法:渲染性能和材质
	最大折射数	无法通过多个玻璃嵌板看到对象时,增加该值。输入一个在 0（完全不透明）到 100（完全透明）之间的值。请参见最佳做法:渲染性能和材质
	漫反射精确度	在漫反射中,如果对象的边缘或表面出现斑点,请增大此值。输入一个 1（有斑点的）到 11（最平滑的）之间的值
	漫反射精确度	通过粗糙玻璃看到的对象的边有斑点时,增加该值。输入一个 1（有斑点的）到 11（最平滑的）之间的值
阴影选项	启用柔和阴影	选择此选项可使阴影边变模糊,清除此选项可使阴影边尖锐而清晰。请参见软阴影
	柔和阴影精确度	当柔和阴影的边有斑点而非平滑时,增加该值。输入一个 1（有斑点的阴影）到 10（最平滑的阴影）之间的值
间接照度选项	计算间接照度和天空照度	选择此选项可包含来自天空的光线和从其他对象反射的光线。清除此选项以从渲染图像中忽略这些光源。请参见间接照明
	间接照度精确度	增加该值以获得更加详细的间接照度（间接光中可见的详细程度）和阴影。更高的精确度产生更小的细微效果,通常在角中或对象之下。输入 1（较少细节）到 10（较多细节）之间的值
	间接照度平滑度	间接照度出现斑点或鳞片状时,增加该值。更高的精确度产生更小的细微效果,通常在角中或对象之下。输入 1（斑点最多）到 10（斑点最少）之间的值
	间接照度反射率	应间接照射的场景区域未按预期显示时,增加该值。此设置确定间接光从场景中的对象反射的次数。它控制间接照明中写实的数量。反射越多,光越能穿透场景,产生实际上更加正确的照明和更亮的场景。输入 1（较少间接照度）到 100（最多间接照度）之间的值。通常,3 个反身可为间接照度获得足够的效果。更多的反射可以添加更多细微的效果,但它们通常不显著

续表

设置	说明	
采光口选项	窗	渲染引擎是否计算窗的采光口。默认情况下,会关闭此设置
	门	渲染引擎是否计算包含玻璃的门的采光口。默认情况下,会关闭此设置
	幕墙	渲染引擎是否计算幕墙的采光口。默认情况下,会关闭此设置

14.3.2 相机设置

Revit 2016 提供了相机的设置,即创建透视图。在渲染之前,可以利用相机工具添加各个不同的视点,让渲染图更加美观。

首先将视图平面切换至人所需要站立的平面。一般所用的平面为底层平面即第一层平面。本次引用的方案案例中,把底层平面命名为室内地坪。将视图平面切换至室内地坪视图,然后依次单击"视图"–"三维视图"–"相机",如图 14.3.7 所示。然后弹出相机操作界面,如图 14.3.8 所示。

图 14.3.7 相机的选取

图 14.3.8 相机的操作界面

观察视图平面,选取所需要的视点,并把光标(即小相机)移动到所需要的视点后,单击即可出现如图 14.3.9 所示的三角形框选区。该三角形框选区意味着在观察点所能观察到的视线范围,单击后生成效果图,如图 14.3.10 所示。

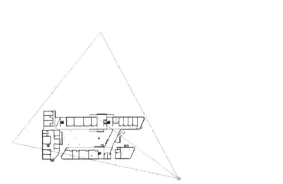

图 14.3.9 相机框选区

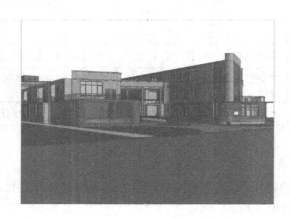

图 14.3.10　效果图

　　生成效果图后如果发现效果图的边幅并没有达到预期效果,可以从项目浏览器中的视图点所在平面修改视图框选区的三角范围,如图 14.3.11 所示。一号线是改变三角框选区的方向性,可以改变三角框选区的左右方向。而二号线则是改变视图的实现远点,进行前后的拉伸。如果想让视图中的视距无限远,则在左边的属性框中对"远裁剪激活"选项进行勾选取消,如图 14.3.12 所示。如此则使视图的视距无限远,也与三角形的底边不再产生关联。在该属性框中,还可以在相机一栏中做一些相机的其他修改,如修改视点高度、目标高度等。

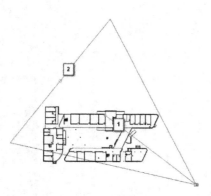

图 14.3.11　三角框选区的修改　　　　　　　　**图 14.3.12　相机属性**

另外一种修改视图的方法是在所生成的效果图中直接进行边幅修改。在三维效果图的属性栏中勾选"裁剪区域可见",则在三维效果图中会对效果图添加一个边框,直接用光标对范围框进行横向纵向的修改,即可完成对效果图的视图区域修改。

使用相同的方法对所做模型绘制生成所需的三维效果图。生成的效果图会自动储存在 Revit 2016 工作文件内,在项目浏览器的"三维视图"栏内可见。

14.3.4 渲染

打开需要渲染的三维效果图,在界面的顶部单选"视图"-"渲染",或者直接在底部选择"渲染",如图 14.3.13 所示。

图 14.3.13 底部选择渲染

打开"渲染"对话框后,根据前期所设置的渲染参数,可以进行相应的修改。单击开始渲染,则开始等待渲染。此处设置为"最佳"-"300 DPI"-"室外:仅日光"-"天空:少云",开始渲染。

渲染完成后,弹出如图 14.3.14 所示对话框。对于本章渲染图可以进行保存到项目中和导出两个操作,分别单击"保存到项目中(V)"和"导出(X)"。两者分别是把图片保存到项目中和把图片导出到另外的文件夹。

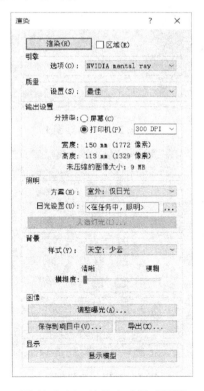

图 14.3.14 渲染完成后对话框

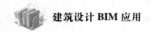

最终的渲染效果图如图 14.3.15 所示。

图 14.3.15　渲染图

请欣赏如图 14.3.16～图 14.3.19 所示的渲染图。

图 14.3.16　渲染图 1

图 14.3.17　渲染图 2

图 14.3.18 渲染图 3

图 14.3.19 渲染图 4

14.4 漫 游

漫游是指沿着定义的路径移动的相机。此路径由帧和关键帧组成。关键帧是指可在其中修改相机方向和位置的可修改帧。在默认情况下,漫游创建为一系列透视图,但也可以创建为正交三维视图。

14.4.1 漫游路径的创建

在 Revit 2016 中,想要创建漫游路径,首先要思考需要的路径流程。当流程定完后,打开需要绘制漫游路径的起始界面。在界面上方选项栏中选择"视图"-"三维视图"-"漫游",如图 14.4.1 所示。

图 14.4.1　漫游的选择

在选项栏下对漫游的基本属性进行修改,如勾选"透视图","偏移量"的选择是基于人的视线高度,"室内地坪"中可以选择任意平面替换室内地坪这一平面选项,也就是漫游中的人视角所在的平面。确定后如图 14.4.2 所示。

图 14.4.2　漫游路径的属性基本修改

确定好前期的属性修改后,开始绘制漫游路径。确定起始位置后,开始一个一个关键帧的绘制路径。最终路径如图 14.4.3 所示。

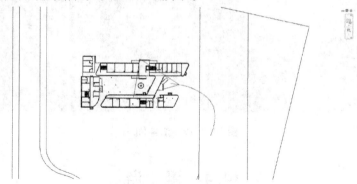

图 14.4.3　路径的绘制

路径中头部为三角形弯曲的线是镜头走动的路径,镜头跟随着该路径行动。而三角区域则是所见视图范围。

路径绘制完成后,可以在项目浏览器中的漫游找到该漫游,同时可以对该漫游进行右击重命名的操作。最终漫游的效果图如图 14.4.4 所示。

图 14.4.4　漫游最终效果

14.4.2　漫游的编辑

完成漫游路径后,需要对漫游进行编辑。打开漫游界面,在"修改丨相机"中选择"编辑漫游",如图 14.4.5 所示。

图 14.4.5　编辑漫游

在"控制"一栏中选择"活动相机",则路径会改变为一个一个关键帧的视图效果,如图 14.4.6 所示。

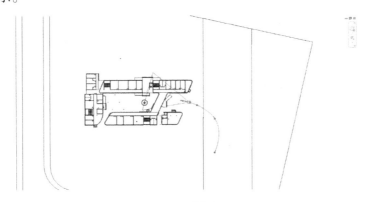

图 14.4.6　活动相机显示图

如果想对所创建的漫游进行编辑,则可以对每个小红点进行相应的相机编辑。如果对漫游有其他所需要的编辑,则可以进行相应的修改,如图 14.4.7 所示。

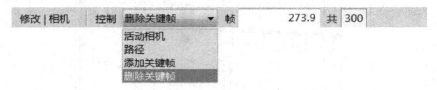

图 14.4.7　漫游其他修改

对漫游路径可以进行重新编辑,在添加关键帧及删除关键帧中也可以进行相应的操作。

对漫游帧数的修改,需要在属性浏览器中打开"其他"-"帧数"后,在弹出的"漫游帧"对话框中进行,如图 14.4.8 所示。

"漫游帧"对话框中具有五个显示帧属性的列:

(1)"关键帧"显示了漫游路径中关键帧的总数。单击某个关键帧编号,可显示该"关键帧"在漫游路径中显示的位置。相机图标将显示在选定关键帧的位置上。

(2)"帧"显示了显示关键帧的帧。

(3)"加速器"显示了数字控制,可用于修改特定"关键帧"处漫游播放的速度。

(4)"速度"显示了相机沿路径移动通过每个关键帧的速度。

(5)"已用时间"显示了从第一个关键帧开始的已用时间。

同时需要注意的是,动画总时间 = 总帧数/帧率(帧/秒)。

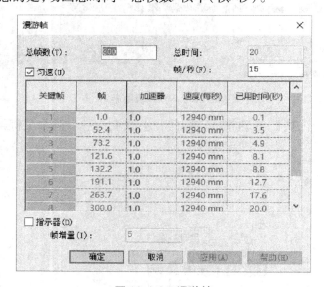

图 14.4.8　漫游帧

第 15 章 族及其应用

族,是 Revit 2016 的一个非常重要的元素,可以说,在 Revit 2016 中无时无刻不在接触着族文件,门窗、梁柱、注释等都是族文件的构成。因此,掌握族的使用,有利于或者说对 Revit 2016 的进阶使用有着至关重要的作用。Revit 2016 的系统目录中提供了非常多的族文件,庞大的族库足以满足日常所需要的基本项目的操作。除此之外还需要一些其他的族文件,这就需要在 Revit 2016 的族编辑器中完成自建族来使用。但族的建成是非常复杂且多样化的,因篇幅有限,本章只简单介绍族的基本内容及基本使用方式。

15.1 族的相关基础内容

15.1.1 族的相关概述

Revit 族是某一类别中图元的类,是根据参数(属性)集的共用、使用上的相同和图形表示的相似来对图元进行分组。一个族中不同图元的部分或全部属性可能有不同的值,但属性的设置是相同的。

Revit 2016 中的所有图元都是基于族的。"族"是 Revit 2016 中使用的一个功能强大的概念,有助于更轻松地管理和修改数据。每个族图元能够在其内定义多种类型,根据族创建者的设计,每种类型可以具有不同的尺寸、形状、材质设置或其他参数变量。使用 Revit 2016 的一个优点是不必学习复杂的编程语言,便能够创建自己的构件族。使用族编辑器,整个族创建过程在预定义的样板中执行,可以根据用户的需要在族中加入各种参数,如距离、材质、可见性等也可以创建现实生活中的建筑构件和图形/注释构件。

15.1.2 族的相关类型

在 Revit 2016 中,包含几种不同种类的族类型,包括系统族、可载入族、内建族等几大类。

系统族用于创建基本建筑图元(如墙、屋顶和楼板)的 Revit 环境的一部分,如 Revit 2016 中的系统设置、标高、图纸、视图类型等都是系统族的一部分。

可载入族是独立于模型进行创建并根据需要载入模型中的一类族,通常用于创建安装的建筑构件,如门和装置及注释图元。同时它通常以系统族为主体。例如,门和窗以墙为主体。

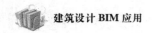

内建族是在模型的上下文中创建的自定义图元。如果模型需要不想重复使用的特殊几何图形,或需要必须与其他模型几何图形保持关系的几何图形,则就要创建内建族。由于内建图元在模型中的使用受到限制,因此每个内建族都只包含一种类型。

15.1.3 族的编辑方式

在 Revit 2016 中所有的族的产生都离不开由二维到三维转换的过程,换言之,便是编辑完二维平面结构,设置相关参数,最后生成三维的立体族。而这些族除了系统族外都是基于族编辑器完成的,因此,在 Revit 2016 中族的编辑方式有以下几种:在项目中编辑族、在项目外编辑族、新建可载入族等。

在项目中编辑族是基于项目主已经存在族文件,因此需要根据设计要求对项目中的族文件进行编辑修改。以项目中的窗户为例,用光标选中项目中的窗户,在上方选中"修改丨窗"-"编辑族",如图 15.1.1 所示;弹出修改族文件操作界面,如图 15.1.2 所示,在此界面上进行族文件的修改。其他项目中的族文件也依照此方法进行修改。

图 15.1.1 族编辑器的打开

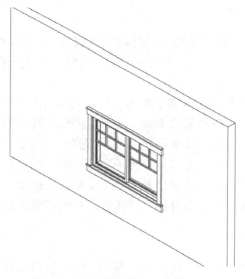

图 15.1.2 族编辑器的操作界面

在项目外编辑族文件,则将光标移动到 Revit 2016 左上方,选中"打开"-"族",如图 15.1.3所示;弹出"打开"浏览器,如图 15.1.4 所示,在族浏览器中选中需要编辑的族文件,单击"打开"则可进入编辑族的模式。

图 15.1.3　族的打开

图 15.1.4　族的"打开"浏览器

　　新建族的打开方式和在项目外编辑族类似,将光标移到左上角,依次打开"新建" – "族",如图 15.1.5 所示,弹出新建族浏览器,如图 15.1.6 所示。在浏览器对话框内找到所需的样板族后,单击"打开"便可以进入创建族的模式。

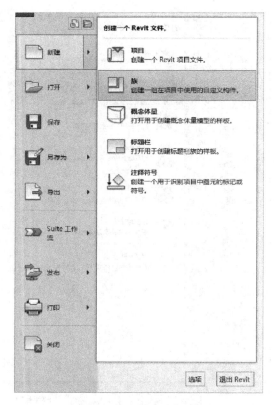

图 15.1.5　新建族的打开

图 15.1.6　新建族浏览器对话框

以上便是几种常用族的编辑方式,可以根据需要对族逐一进行修改。

15.2　族的编辑

15.2.1　系统族的创建及编辑

系统族是 Revit 2016 中自带的族库中的族文件,已经在 Revit 2016 样板及项目中进行了预设置及保存。如果需要查阅项目或样板中的系统族,可使用项目浏览器。在项目浏览器中选中“族”后,会出现许多的族类别,可以根据所需查阅的相应族文件进行查阅,如查阅坡道的文件则单击“坡道”,可以看到在“坡道”一栏中包含“坡道”分类,单击后弹出“坡道 1”,打开则为坡道相关的“类型属性”,如图 15.2.1 和图 15.2.2 所示。其他族也可以此方法打开。

图 15.2.1　系统族的阅览

图 15.2.2　系统族的“类型属性”对话框

接着便可以根据“类型属性”对话框进行系统族的创建。在此以坡道族为例。我们知道,对一个族进行编辑,最好的方法是复制一个新的族再开始对其编辑,因此,单击“复制”创建一个新的系统族“坡道 2”,如图 15.2.3 所示。

图 15.2.3　新建系统族

对新建系统族"坡道 2"进行编辑,对构造中的造型、厚度、功能等进行相应的编辑,参照上文坡道的修改进行编辑。对材质及装饰、尺寸标注、图形等进行编辑后,单击"确定"完成对新建系统族的"坡道 2"的编辑。如图 15.2.4 所示,系统族"坡道 2"便存在于系统族浏览器中。

在系统族的使用过程中,不能从项目或样板中删除系统族,但是可以删除一些未使用的系统族类型。

在项目浏览器中的族浏览器中,找到未使用的族类型,选中后鼠标右键并单击"删除",如图 15.2.5 所示,即可把项目中未使用到的族类型"坡道 2"删除。或者点击未使用的族类型"坡道 2"并按下 DELETE 键,实现快捷删除。

图 15.2.4 完成新建族

图 15.2.5 删除未使用族类型

　　另一种快捷方法是使用"清除未使用项"进行删除。依次选中"管理"–"清除未使用项",如图 15.2.6 所示。弹出"清除未使用项"对话框,如图 15.2.7 所示。

图 15.2.6 打开"清除未使用项"对话框

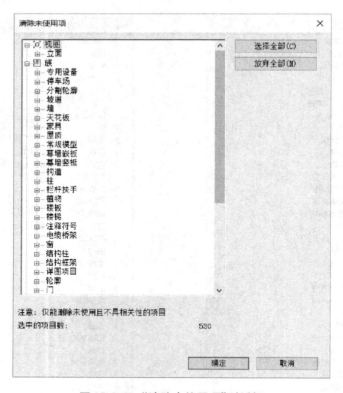

图 15.2.7 "清除未使用项"对话框

在对话框中选中清除的类型,单击"放弃全部",展开包含清除类型的族和子族,选择类型,单击"确定"即可。

15.2.2 可载入族的编辑

在项目中如果需要使用可载入族,则必须使用"载入族"这一工具。另外,载入的族也跟随项目一起保存下来。

具体操作步骤如下:打开"插入"-"载入族",如图 15.2.8 所示。弹出"载入族"的浏览器对话框,如图 15.2.9 所示。

图 15.2.8 载入族的选中

图 15.2.9　载入族对话框

在该对话框中,寻找所需要的载入族,根据分类挨个搜索并打开。打开族后会在项目浏览器中的族分类中载入并显示,可以从项目浏览器中进行查阅。

如果发现族库中并没有所需要的族类型,则需要创建载入族。通常情况下,所创建的载入族一般会根据建筑的基本尺寸规范要求来创建。因此,在创建载入族的时候可以使用 Revit 2016 提供的族样板,利用其所带的几何图形及尺寸。值得注意的是,所创建的族的文件后缀为".rfa"。

创建可载入族是相当耗费时间及精力的,因此本节只简单讲解一下创建可载入族的基本流程。

首先,需要对所要创建的族的形状、尺寸、大小等有一个基本的概念,规划一下所需要创建的族。

接着,可以选择一个族的样板并命名及保存,具体操作方法参照内建族的创建("新建"–"族"–"选择族样板")。本节选择公制常规模型族样板,打开后如图 15.2.10所示。

图 15.2.10 族的绘制界面

界面的上方为创建族的相关方法,如拉伸、融合、旋转、放样等。左面浏览器为相关视图平面立面等。根据需要可以对族进行绘制。

绘制完成后,将其另存到族库。将光标移动到左上角,依次打开"另存为"-"族"并选择所需要保存的族位置,完成可载入族的创建。

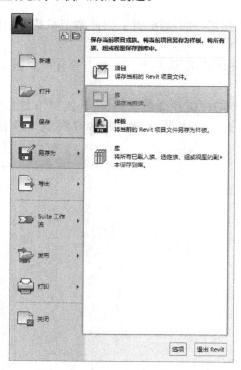

图 15.2.11 可载入族的"另存为"

可载入族的编辑与系统族的编辑类似,几种方法通用。详细操作步骤请参照上节所述。

15.2.3　内建族的创建于编辑

内建族的创建需要在 Revit 2016 中依次打开"建筑"－"构件"－"内建模型",如图 15.2.12所示。

图 15.2.12　内建模型的打开

打开后弹出"族类别和组参数"对话框,如图 15.2.13 所示。本节主要以屋顶为例,故选择"屋顶"并单击"确定",弹出命名框,命名为"屋顶 1",单击"确定",如图 15.2.14所示。

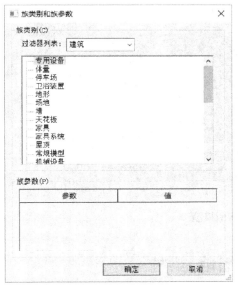

图 15.2.13　族类别和族参数对话框　　　**图 15.2.14　命名框**

命名后弹出内建族操作界面,如图 15.2.15 所示,根据所需来完成内建族的编辑。

图 15.2.15　内建族的操作界面

完成后单击"√"完成模型绘制。

内建族的编辑与其他两种族的编辑类似,只需要在族上进行复制再编辑即可。

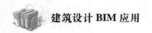

第 16 章　Revit 2016 实例教程

16.1　实例介绍

本节主要讲解一个小的模型案例,如图 16.1.1 所示。基本形为正方形。

图 16.1.1　案例模型

16.2　轴网、场地、梁柱

16.2.1　创建轴网

(1) 新建项目

依次打开"Revit 2016"–"新建"–"构造样板"–"确定",完成新建项目的打开,如图 16.2.1所示。

图 16.2.1　新建项目

（2）绘制轴网

依次打开"建筑"-"轴网"。

图 16.2.2　轴网的选择

画一条竖向的轴线,并以此轴线作为基准线,如图 16.2.3 所示。使用"阵列",向右扩充六条轴线,每条轴线间距为 6 000 mm,如图 16.2.4 所示,最终绘制完成竖向轴网,如图 16.2.5 所示。具体操作为:"阵列"-选取基准线-单击并向右平移任意距离-回车键-输入"6000 mm"-回车键-输入"6"-回车键-完成。

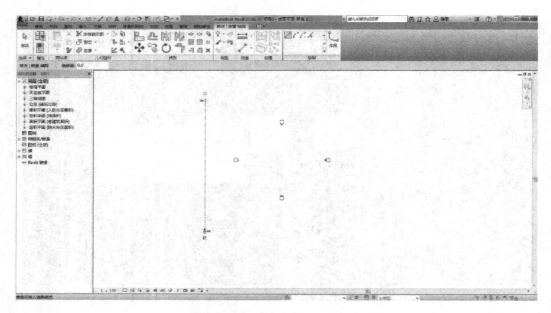

图 16.2.3　绘制一条竖向轴网

图 16.2.4　阵列的选择

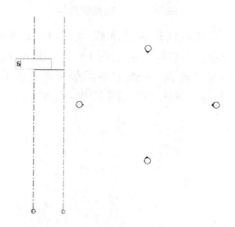

图 16.2.5　阵列的输入

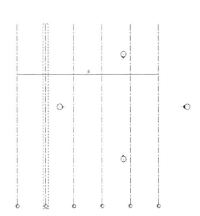

图 16.2.6　竖向轴网完成

　　在竖向轴网上部画一条横向轴网,如图 16.2.7 所示,并以此为基准线,向下使用"阵列",作六道间距为 6 000 mm 的横向轴网,如图 16.2.8 所示。具体操作参照竖向轴网的绘制方法。

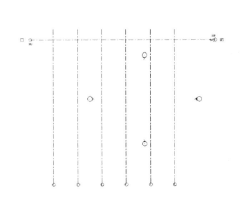

图 16.2.7　横向轴网基准线

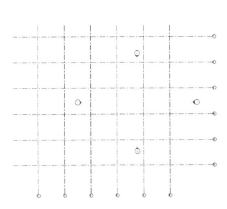

图 16.2.8　轴网绘制完毕

（3）修改轴网符号

一般绘制完轴网,轴网符号会跟随阿拉伯数字一直排列下去,因此,需要将横向轴网改用大写字母表示。具体操作如下:双击轴网小球 – 输入大写字母"A" – 回车键 – 单击"√",如图 16.2.9 和图 16.2.10 所示。

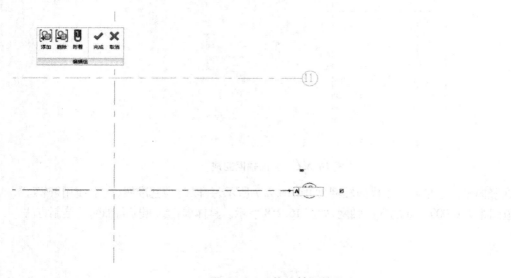

图 16.2.9　修改轴网符号

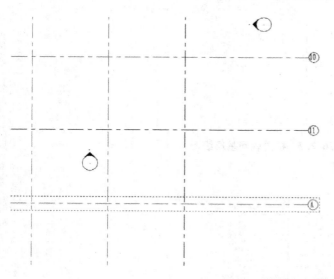

图 16.2.10　轴网符号修改完毕

依次修改上面几个符号,另外值得一提的是在绘制第一根轴网时,如果将轴网符号改为大写字母 A,则后面所绘制的轴网为依次接下来的字母。修改完毕后如图 16.2.11 所示。

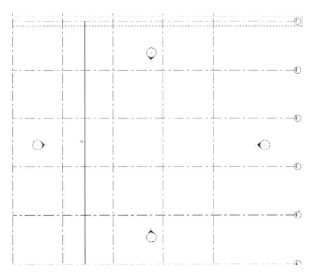

图 16.2.11　轴网符号修改完毕

（4）轴网修改成左右可观符号

将轴网修改成左右上下都含有符号的轴网，方便绘图。具体操作如下：选中一条轴线 – 单击轴线编号周围的正方形 – 单击"完成"。如图 16.2.12 所示，完成后依次改变轴网的显示方式。（本节可选用，不做要求）

图 16.2.12　轴网的双向可视

至此，轴网绘制完毕。

16.2.2　标高的绘制

（1）打开立面视图

在项目浏览器中打开立面栏，任取一面立面作为绘制平面，本节选取南立面。具体操作如下："项目浏览器" – "立面（建筑立面）" – 双击完成，如图 16.2.13 所示。

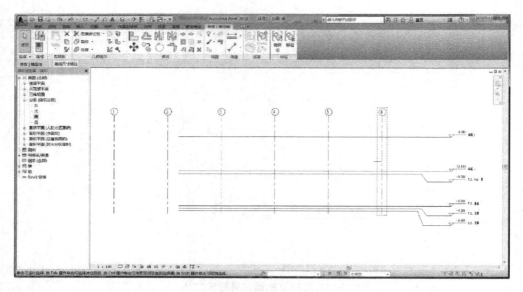

图 16.2.13　立面视图的打开

（2）选取标高

具体操作如下："建筑"–"标高"，如图 16.2.14 所示。

图 16.2.14　标高的选择

（3）绘制标高

在修改标高中选择直线绘制，如图 16.2.15 所示。

图 16.2.15　标高的绘制

将光标移动到轴网左侧后，画一条标高，如图 16.2.16 所示。

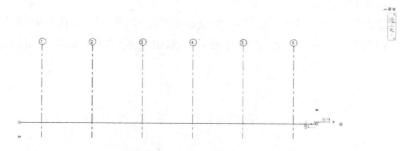

图 16.2.16　标高线的绘制

（4）修改标高属性

单击一条标高线 -"属性"浏览器 - 标高类型 -"正负零标高"，如图 16.2.17 所示。

图 16.2.17　正负零标高

编辑"类型属性" -"颜色：红色" -"线型图案：中心线" -"确定"，如图 16.2.18
所示。

类型属性   ✕

族(F):   系统族：标高   ⌄   载入(L)...

类型(T):   正负零标高   ⌄   复制(D)...

重命名(R)...

类型参数

参数	值
限制条件	⌃
基面	项目基点
图形	⌃
线宽	1
颜色	■ RGB 128-128-128
线型图案	中心线 ⌄
符号	标高标头_正负零
端点 1 处的默认符号	☐
端点 2 处的默认符号	☑

<< 预览(P)   确定   取消   应用

图 16.2.18 "类型属性"编辑框

编辑完成后如图 16.2.19 所示。

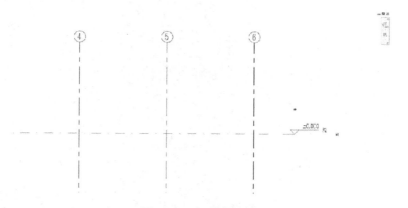

图 16.2.19 编辑完成

（5）绘制另外几条标高

打开标高－移动到第一条标高左端点－确定左端点后向下移－输入"450"－回车键－

向右拉－与第一条标高平齐－回车键,如图 16.2.20 和图 16.2.21 所示。

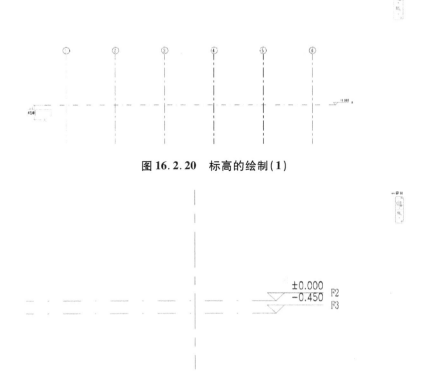

图 16.2.20　标高的绘制(1)

图 16.2.21　标高的绘制(2)

同样的方法,向上绘制两层标高:楼高 3 300 mm,女儿墙高度 1 200 mm。最终绘制结果如图 16.2.22 所示。

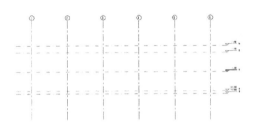

图 16.2.22　标高绘制(3)

(6)标高名称的修改

选中正负标头标高－双击标高有单数字－输入"F1"－回车键－在弹出的会话框单击"确定"－完成修改,如图 16.2.23 和图 16.2.24 所示。

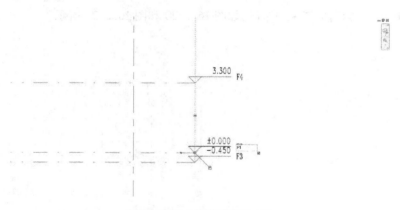

图 16.2.23　标高的修改(1)

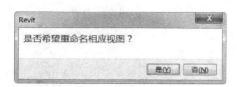

图 16.2.24　标高的修改(2)

确定完后,依照上述方法依次修改室外地平线、F2 和女儿墙。最终如图 16.2.25 所示。

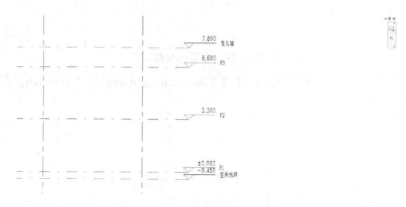

图 16.2.25　标高的修改(3)

16.2.3　地形表面的绘制

(1)绘制地形表面,首先打开"室外地坪"平面视图,如图 16.2.26 所示。

图 16.2.26　室外地坪平面视图

（2）"体量和场地"-"地形表面"，如图 16.2.27 所示。

图 16.2.27　地形表面

（3）绘制地坪表面可以利用放置点进行绘制，也可以通过导入 CAD 进行绘制，如图 16.2.28 所示。

图 16.2.28　放置点的选取

（4）在轴网的四周放置四个点，已完成地平面的绘制，如图 16.2.29 所示。

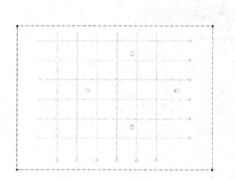

图 16.2.29 放置四个点

（5）单击"√"完成放置点，如图 16.2.30 所示，切换到三维模式可以观察地坪平面的模型，如图 16.2.31 所示。

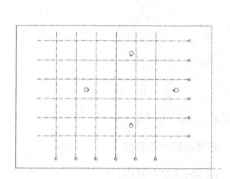

图 16.2.30 完成放置点

图 16.2.31 三维模式下地坪平面

（6）修改场地材质

单击室外地坪上的场地 –"属性"浏览器 –"材质"，如图 16.2.32 所示。

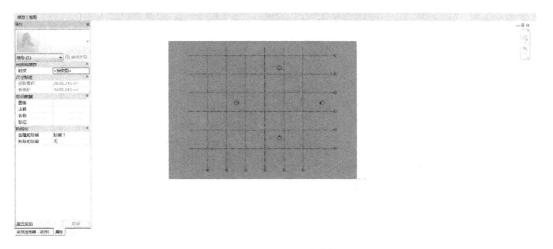

图 16.2.32　材质的选择

（7）单击材质后的"…"，弹出材质浏览器对话框，如图 16.2.33 所示。

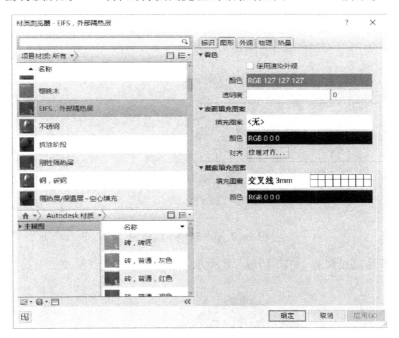

图 16.2.33　材质浏览器对话框

（8）新建材质 – 打开资源浏览器 –"现场工作"–"草皮-百慕人草"– 双击 – 修改默认新材料为草地 –"确定"，如图 16.2.34 所示。最终结果如图 16.2.35 所示。

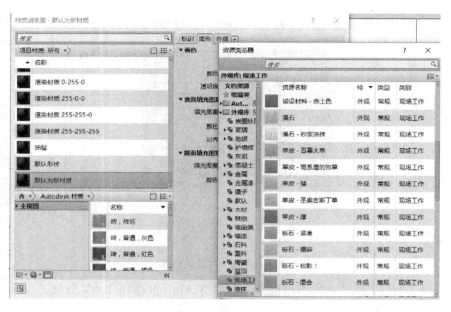

图 16.2.34　草地的选择

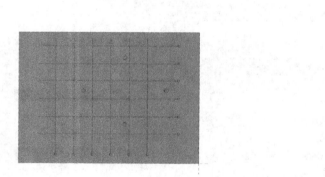

图 16.2.35　草地平面视图

切换到三维模式观看,如图 16.2.36 所示。

图 16.2.36　三维模式下的草地

16.2.4　建立梁与柱子

（1）首先绘制柱子，打开 F1 平面视图，如图 16.2.37 所示。

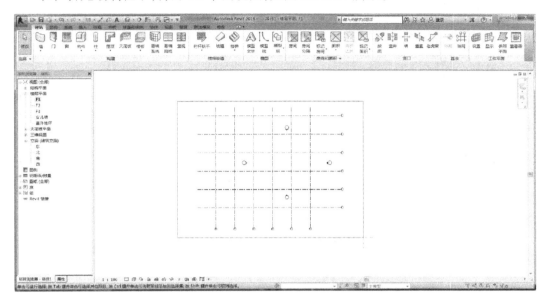

图 16.2.37　打开 F1 平面视图

（2）"建筑"–"柱"–"结构柱"，如图 16.2.38 所示。

图 16.2.38　结构柱

（3）单击"结构柱"后弹出操作界面，因为初次使用结构柱是没有柱子的族样式，因此需要载入族，单击"载入族"，如图 16.2.39 所示。

图 16.2.39　载入族

（4）单击后弹出"载入族"浏览器对话框，如图 16.2.40 所示。

图 16.2.40　族浏览器对话框

（5）"结构" – "柱" – "混凝土" – "混凝土 – 正方形 – 柱. rfa" – "打开"，如图 16.2.41 ~ 图 16.2.43 所示。

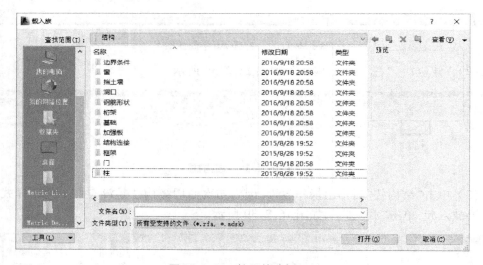

图 16.2.41　柱子的选择（1）

图 16.2.42　柱子的选择(2)

图 16.2.43　柱子的选择(3)

（6）因为默认的柱子为 300×300 mm 的尺寸,所以需要将其改为 450×450 mm 的尺寸。具体操作如下:选中结构柱 –"属性"浏览器 – 编辑"类型属性",如图 16.2.44 所示。

图 16.2.44　编辑类型

单击后弹出"类型属性"对话框,单击"复制" – 输入"450 × 450 mm" – "确定",如图 16.2.45 所示。

图 16.2.45　复制结构柱

在新的结构柱族中修改其尺寸标注为 h = 450, b = 450, 单击"确定"完成修改。

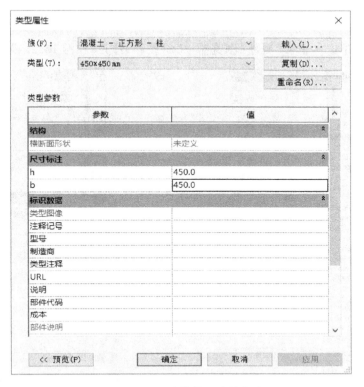

图 16.2.46 结构柱尺寸的修改

（7）完成修改后, 将光标移动到右上角轴网交点处, 单击并确定完成柱子的安放, 如图 16.2.47 所示。

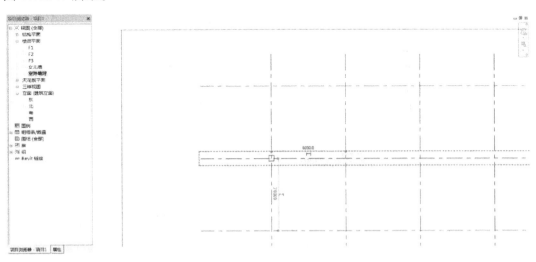

图 16.2.47 柱子的安放

（8）安放完柱子, 需要定义柱子的属性。具体操作如下: 单击柱子 - "属性"浏览器 -

"底部标高 – 北地坪" – "底部偏移 – 0.0" – "顶部标高 – F3" – "应用"，完成修改，如图 16.2.48 所示。

（9）因为柱子的样式为默认的材质颜色，故显示为白色，所以需要为其添加填充色。具体操作如下：单击柱子 – "属性"浏览器 – "材质和装饰"，如图 16.2.49 所示。

图 16.2.48　柱子的属性编辑

图 16.2.49　材质和装饰

单击"…"后，打开材质浏览器，在该材质的图形属性中修改其表面图案为实体填充，横截面图案也为实体填充，如图 16.2.50 所示。最终修改如图 16.2.51 所示。

图 16.2.50　填充修改

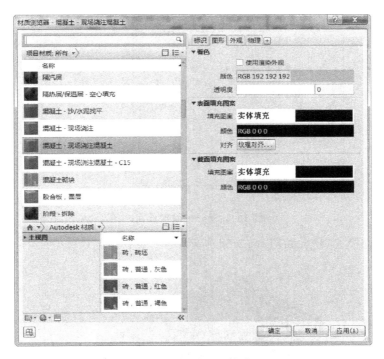

图 16.2.51　两处修改

修改完成后单击"确定",便完成界面设为黑色的操作,如图 16.2.52 所示。

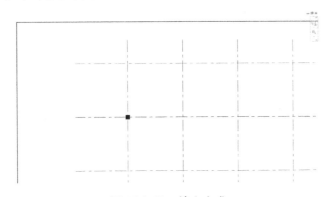

图 16.2.52　填充完成

完成后利用复制选项或快捷键"CC"来复制完成每个轴网交点的柱子安放,最终如图 16.2.53 所示。

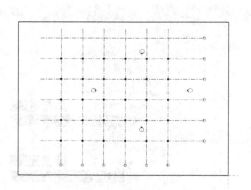

图 16.2.53　柱网安放完成

切换至三维模式观察,如图 16.2.54 所示。

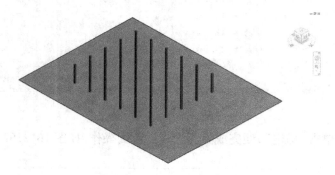

图 16.2.54　柱网

(10)绘制完柱子开始绘制梁,首先打开 F2 平面视图,并打开梁构建,选中"结构"-"梁",如图 16.2.55 所示。

图 16.2.55　梁的选择

单击后,得到梁的操作界面。又因为第一次使用梁并无族文件,所以需要载入族,单击"载入族",如图 16.2.56 所示。

图 16.2.56　载入族

单击后,打开"载入族"浏览器,如图 16.2.57 所示。依次打开"结构"-"框架"-"混凝土"-"混凝土-矩形梁.rfa",如图 16.2.58~图 16.2.60 所示。

图 16.2.57　载入族浏览器

图 16.2.58　结构栏

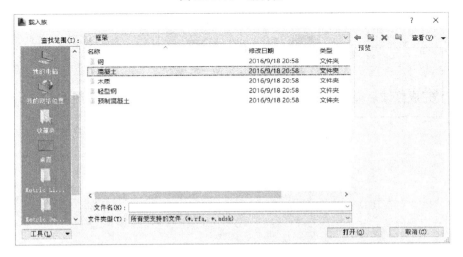

图 16.2.59　框架栏

图 16.2.60 混凝土栏

打开梁的族文件后默认为 400 × 800 mm 的,需要将其改成 300 × 600 mm,因此需要将属性浏览器上部换成 300 × 600 mm 的标准,如图 16.2.61 所示。

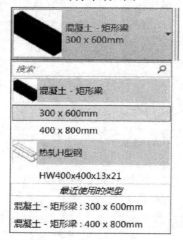

图 16.2.61 梁的尺寸修改

(11)完成修改后需要绘制梁,首先在柱网的上部绘制一根梁,如图 16.2.62 所示。

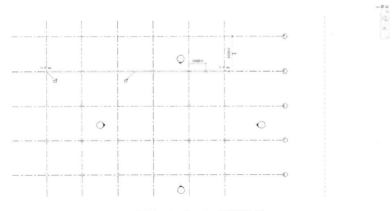

图 16.2.62 一根梁绘制

绘制完成后,单击选中那根梁,并使用"阵列",输入距离为"6 000",个数为"5",回车键确定,完成横梁的绘制,如图 16.2.63 和图 16.2.64 所示。

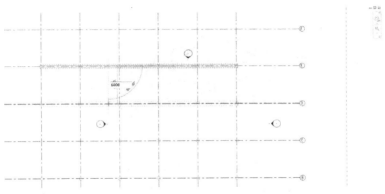

图 16.2.63 横梁的绘制(1)

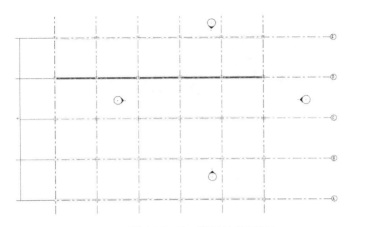

图 16.2.64 横梁的绘制(2)

用同样的方法绘制竖梁,竖梁的网络绘制,如图 16.2.65 所示。

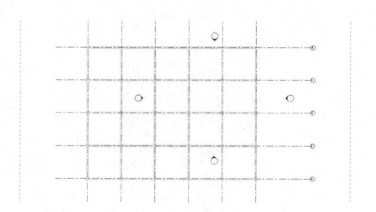

图 16.2.65　梁的绘制

绘制完成后切换至三维模式查阅,如图 16.2.66 所示。

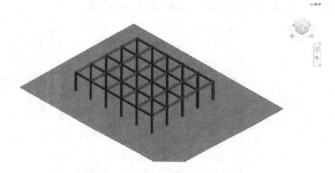

图 16.2.66　三维模式下的梁网

用同样的方法在 F2 层面上铺设梁网,最终效果如图 16.2.67 所示。

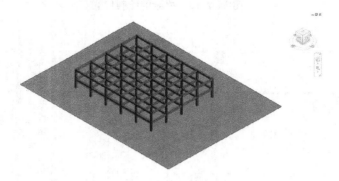

图 16.2.67　梁网柱网铺设完毕

16.3　墙体、楼板、屋顶、门窗、楼梯

16.3.1　绘制墙体

（1）本建筑为一层架空，因此，首先打开 F2 平面视图，在该平面视图内绘制墙体。打开墙体绘制工具，"建筑"–"墙"–"墙：建筑"，如图 16.3.1 所示。弹出墙体绘制操作界面，如图 16.3.2 所示。

图 16.3.1　建筑墙的打开

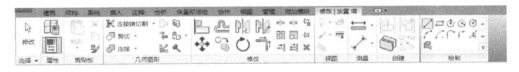

图 16.3.2　墙体绘制工具框

（2）使用直线绘制墙体，以左上方的柱子为基点，开始向右拉一条墙，如图 16.3.3 所示。接着再向下拉一条墙，如图 16.3.4 所示。最终效果如图 16.3.5 所示。

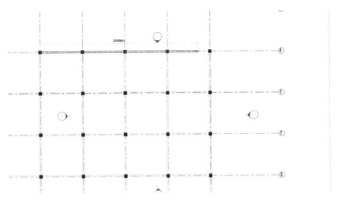

图 16.3.3　墙体的绘制（1）

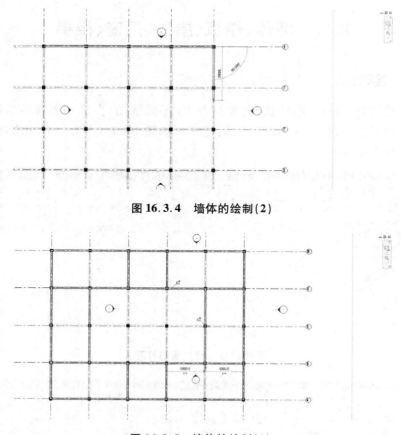

图 16.3.4　墙体的绘制(2)

图 16.3.5　墙体的绘制(3)

（3）墙体的编辑。首先,编辑墙体的高度,将光标从视图的一角拉向另一角,选择所有目标物。在左侧的属性栏中,将上部的通用修改成墙,即可完成图元的筛选,如图 16.3.6所示。

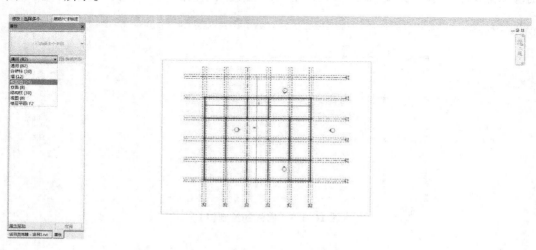

图 16.3.6　图元的筛选

筛选完毕后会弹出墙体的属性框,对墙体的属性进行编辑,"底部限制条件 – F2" – "顶部约束 – 直到标高:女儿墙",如图 16.3.7 所示。

图 16.3.7　墙体的编辑

　　接下来编辑墙体的结构。首先编辑外部墙体,选中边缘墙体,在左侧属性栏中进行如下操作:"编辑类型" – "类型" – "外部 – 带粉刷砖与砌块复合墙"。完成编辑,如图 16.3.8 所示。如果用户想自定义墙体,则需要在编辑类型框中复制一类基本墙并重新命名后,对墙体的相关结构、外观、材质等进行设计定义,最终创建一款墙体。

图 16.3.8　墙体的编辑

　　然后将同样的方法用于外部边缘四道墙,最终完成。同样,再使用相同的方法编辑内部墙体,内部墙体为"常规 – 200 mm – 实心",如图 16.3.9 所示。

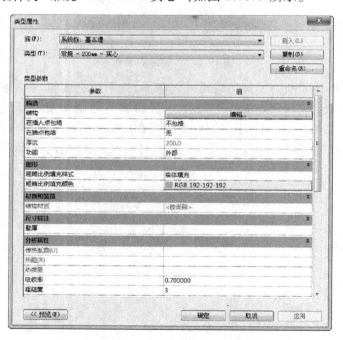

图 16.3.9　内部墙的编辑

　　至此,墙体的编辑完成。切换至三维模式,如图 16.3.10 所示。

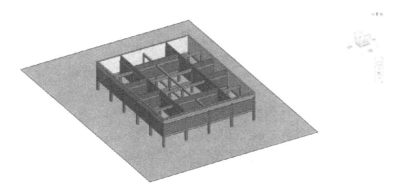

图 16.3.10　三维模式下的墙体

16.3.2　楼板的绘制

打开 F2 视图,"建筑"–"楼板"–"楼板:建筑",如图 16.3.11 所示。操作界面如图 16.3.12 所示。在绘制方法上选择"选取墙"。

图 16.3.11　楼板的选择

图 16.3.12　操作界面

在绘制楼板前在属性栏中将楼板换成"常规 – 150 mm – 实心",如图 16.3.13 所示。

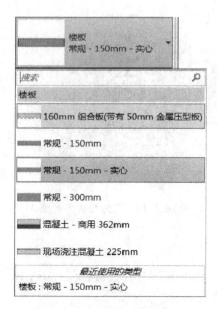

图 16.3.13　楼板的选择

　　将光标放置在一道外墙上,单击选中,如图 16.3.14 所示。单击完成后选取完毕,草图线完成,如图 16.3.15 所示。

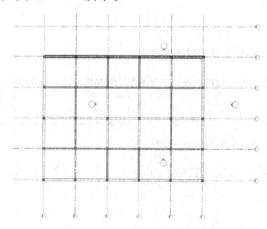

图 16.3.14　选取墙

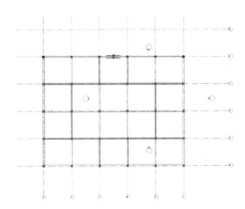

图 16.3.15　草图绘制

草图绘制完成后,继续选中周围四道墙体,并依次完成草图绘制,如图 16.3.16所示。

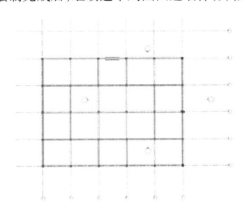

图 16.3.16　草图绘制完成

单击"√"完成绘制,如图 16.3.17 所示。

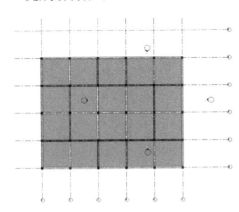

图 16.3.17　楼板绘制完毕

切换至三维模式,如图 16.3.18 所示。

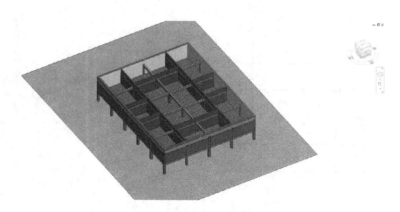

图 16.3.18　三维模式下的楼板

16.3.3　屋顶

打开 F3 视图平面,选择"建筑"-"屋顶"-"迹线屋顶",如图 16.3.19 所示,操作界面如图 16.3.20 所示,选用"选取墙"工具

图 16.3.19　迹线屋顶

图 16.3.20　屋顶的操作界面

在绘制屋顶前,先选取屋顶的类型,在左边的属性栏中上部,将屋顶的类型换成"基本屋顶　保温屋顶-混凝土",如图 16.3.21 所示。

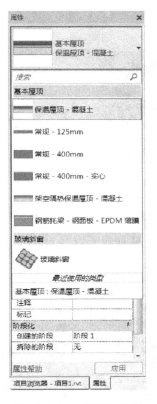

图 16.3.21　屋顶的类型

接下来,依次选取四道外墙绘制草图线,如图 16.3.22 所示。最终绘制完毕,如图 16.3.23所示。

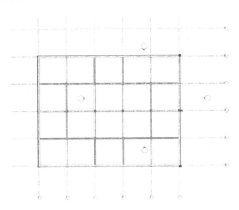

图 16.3.22　屋顶草图线的绘制

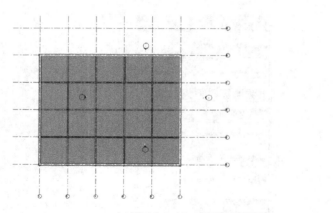

图 16.3.23 屋顶绘制完毕

切换至三维模式,如图 16.3.24 所示。

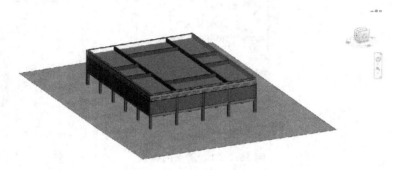

图 16.3.24 三维模式下的屋顶

16.3.4 门窗的绘制

打开 F2 视图,选择"建筑"－"墙"－"载入族",如图 16.3.25 所示。

图 16.3.25 载入族

弹出"载入族"浏览器,如图 16.3.26 所示。依次打开"建筑"－"窗"－"普通窗"－"组合窗"－"组合窗－双层四列(两侧平开)－上部固定.rfa",如图 16.3.27 所示。

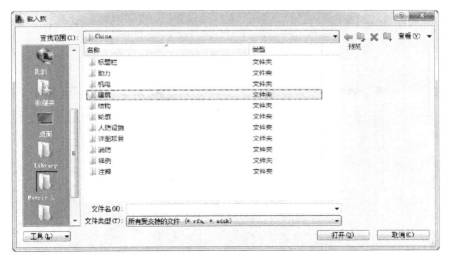

图 16.3.26 窗的族打开

图 16.3.27 组合窗选择

选择完成后开始绘制窗户。将光标移动到左上角的两柱中间,选中,如图 16.3.28 所示。单击完成后,依次绘制窗户,如图 16.3.29 所示。

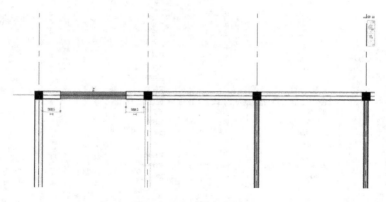

图 16.3.28　窗户的选择

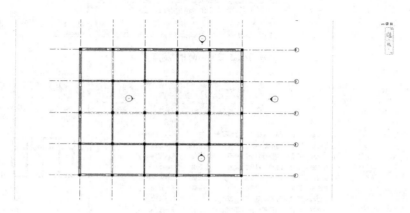

图 16.3.29　依次绘制窗户

绘制完毕后,利用选中窗户样式的方法选中门,"建筑"–"门"–"载入族"–"建筑"–"门"–"普通门"–"平开门"–"双扇"–"双面嵌板格栅门 1.rfa",如图 16.3.30 所示。

图 16.3.30　门的选择

选择完毕后,将光标移动到放置门的位置,选中并单击"确定",如图 16.3.31 所示。完成后,依次绘制门,如图 16.3.32 所示。

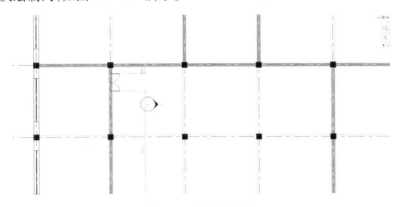

图 16.3.31　绘制门

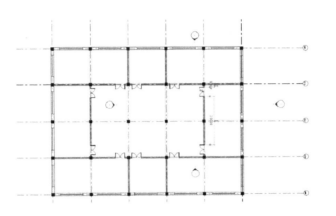

图 16.3.32　绘制门完成

切换至三维模式,如图 16.3.33 所示。

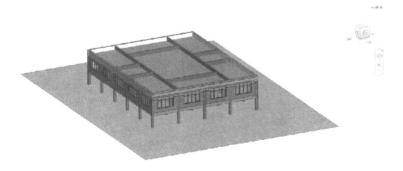

图 16.3.33　三维模式下的门窗

16.3.5　楼梯

打开 F1 视图框,选择"建筑"-"楼梯"-"楼梯(按草图)",如图 16.3.34 所示。操作界面如图 16.3.35 所示。选用梯段、直线。

图 16.3.34 楼梯的选择

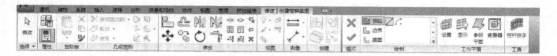

图 16.3.35 楼梯的操作界面

编辑楼梯的属性,在属性栏中,选择楼梯类型为默认模式"楼梯 190 mm 最大踢面 250 mm 梯段",底部标高为"F1",顶部标高为"F2",宽度为"2 100.0",如图 16.3.36 所示。

图 16.3.36 楼梯的属性编辑

在需要绘制楼梯处绘制一条辅助线,方便确定楼梯的中点,如图 16.3.37 所示。

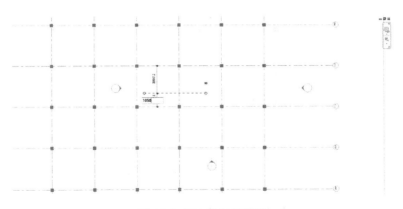

图 16.3.37　绘制辅助线

绘制楼梯,将光标移动到辅助线与轴线交点处的起点处,单击向左拉动,完成绘制草图,如图 16.3.38 所示。单击"√",完成楼梯的绘制,如图 16.3.39 所示。

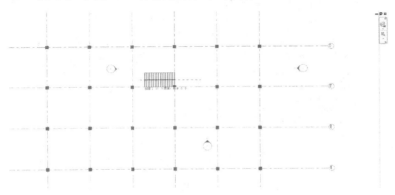

图 16.3.38　楼梯草图的绘制

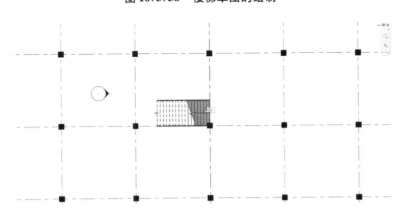

图 16.3.39　楼梯绘制完成

用相同的方法绘制另一侧的楼梯,如图 16.3.40 所示。

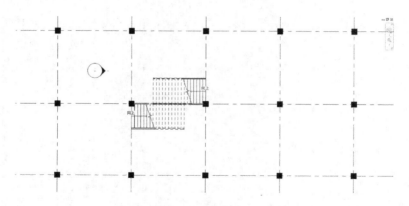

图 16.3.40　双向楼梯绘制完毕

切换至三维模式观察楼梯,如图 16.3.41 所示。

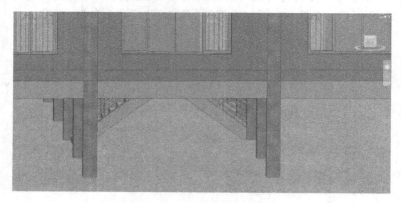

图 16.3.41　三维模式下的楼梯

　　因为楼板没有预留楼梯空洞,需要自己手动建洞,所以选择"建筑"-"竖井",如图 16.3.42 所示。竖井操作界面如图 16.3.43 所示。选择"边界线"-"矩形"。

图 16.3.42　竖井

图 16.3.43　竖井操作界面

　　将光标放置到需要竖井的起始点,开始绘制,如图 16.3.44 所示。绘制完毕后如图 16.3.45 所示。用相同的方法绘制另一侧竖井,如图 16.3.46 所示。

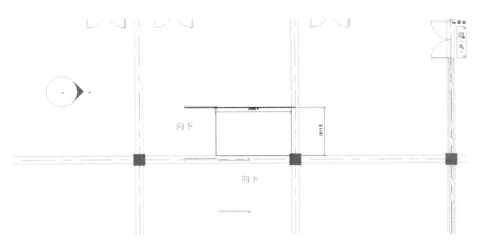

图 16.3.44　竖井的绘制(1)

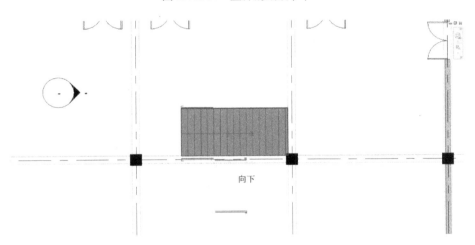

图 16.3.45　竖井的绘制(2)

图 16.3.46　竖井的绘制(3)

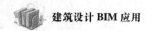

竖井周围缺少护栏,需要绘制栏杆扶手,选择"建筑"－"栏杆扶手"－"绘制路径",如图 16.3.47 所示。

图 16.3.47　绘制路径的选择

将光标移动到需要绘制扶手的起始位置,开始绘制,如图 16.3.48 所示。

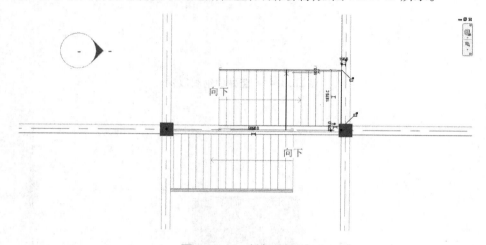

图 16.3.48　栏杆的绘制

绘制完毕后,再用同样的方法绘制中间部分及另一侧的栏杆,最终成果如图 16.3.49 所示。

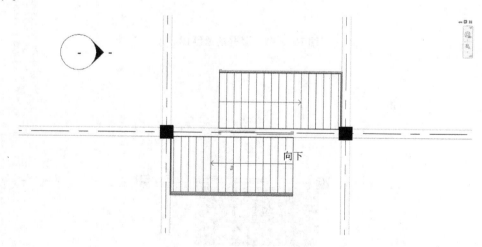

图 16.3.49　栏杆绘制完毕

切换至三维模式观看,利用三维模式下的剖面框来观察内部楼梯,如图 16.3.50 所示。

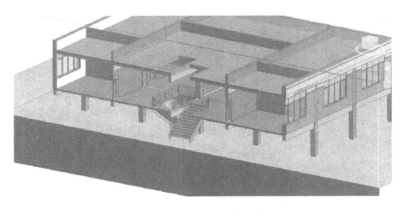

图 16.3.50　楼梯绘制完毕

16.4　景观、渲染

16.4.1　绘制景观

绘制完成后,可以利用场地构建为周围环境添加一些植物、车子等构件,这都需要通过"载入族"来完成。最终完成如图 16.4.1 所示。三维效果如图 16.4.2 所示。

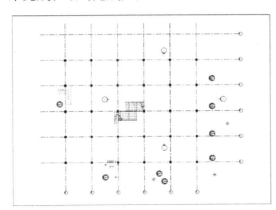

图 16.4.1　添加配景

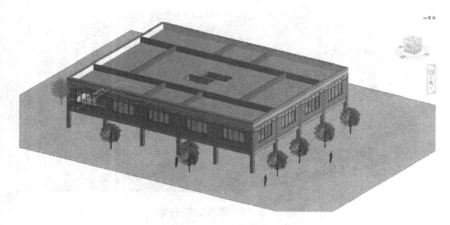

图 16.4.2　三维效果

16.4.2　相机的选择

打开 F1 视图,选择"视图"-"三维视图"-"相机",如图 16.4.3 所示。

图 16.4.3　相机的选择

选择完毕后,修改偏移量为"1800.0",如图 16.4.4 所示。

图 16.4.4　修改偏移量

绘制相机,将光标放置在视点位置,开始绘制视图框,如图 16.4.5 所示。绘制完成后显示透视图,如图 16.4.6 所示。

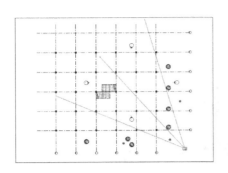

图 16.4.5　绘制相机

图 16.4.6　透视图

16.4.3　渲染

"项目浏览器"–"三维"–"三维视图 1",在三维视图 1 上打开"视图"–"渲染",如图 16.4.7 所示。

图 16.4.7　渲染

修改渲染要求："设置 - 最佳" - 勾选"打印机 - 300 DPI" - "方案 - 室外：仅日光" - "样式 - 天空：少云"，如图 16.4.8 所示。

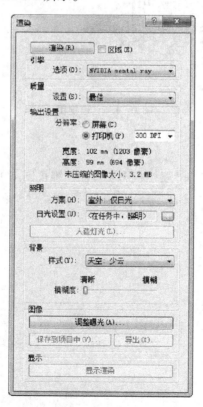

图 16.4.8　渲染要求

渲染开始,最终效果如图 16.4.9 所示。

图 16.4.9　渲染图